Praxis des Technischen Zeichnens Metall

Arbeitsbuch für Ausbildung, Fortbildung und Studium

Begründet von Hans Hoischen †, neu bearbeitet von Jochen Kriebel unter Mitarbeit von Hans-Jürgen Grigat

14., grundlegend überarbeitete und aktualisierte Auflage

Teil 1 und Teil 2 wurden von OStD Jochen Kriebel, Meschede, grundlegend überarbeitet. Teil 3 ist neu erstellt von Dipl. Ing. Hans-Jürgen Grigat, Essen.
Die Zeichnungsüberprüfung erfolgte am Lehrstuhl von Prof. Dr.-Ing. Bernd Künne (Dortmund).

Hinweise:
1. Aus drucktechnischen Gründen mussten Zeichnungen verkleinert werden, sodass diese sowie Linien, Maßzahlen, grafische Symbole usw. nicht immer den angegebenen Maßstäben und Normengrößen entsprechen.
2. Normenauszüge werden mit Erlaubnis des DIN Deutsches Institut für Normung e.V. wiedergegeben. Maßgebend für das Anwenden der Normen ist deren Fassung mit dem neuesten Ausgabedatum, die bei der Beuth Verlag GmbH, Burggrafenstraße 6, 10787 Berlin, erhältlich ist.

Lösungen zu Teil 3 CAD/2D-Konstruktion
Die zeichnerischen Lösungen der CAD-Aufgaben können unter www.berufskompetenz.de als dxf-Dateien heruntergeladen werden. Die Aufgabenfolge mit Lösungen bietet einen systematischen CAD-Einführungskurs, der vom Autor langjährig in Lehrgängen der Fort- und Weiterbildung erprobt wurde. Informationen über den Autor findet man unter www.grigat-edv-training.de

Verlagsredaktion: Erich Schmidt-Dransfeld
Umschlaggestaltung: Knut Waisznor
Layout und technische Umsetzung: Typeart, Grevenbroich
Grafik: Holger Stoldt, Düsseldorf

Informationen über Cornelsen Fachbücher und Zusatzangebote
http://www.cornelsen-berufskompetenz.de

Für den Gebrauch an Schulen
14. Auflage
© 2006 Cornelsen Verlag Scriptor GmbH & Co. KG, Berlin

Druck: Druckhaus Berlin-Mitte

ISBN-13:   978-3-589-24120-0
ISBN-10:   3-589-24120-9

 Inhalt gedruckt auf säurefreiem Papier
aus nachhaltiger Forstwirtschaft.

Vorwort zur 14. Auflage

Das vorliegende Buch wurde vor mehr als vier Jahrzehnten erstmals als „Aufgabensammlung" von Prof. Dr. Hans Hoischen in Ergänzung zum Standardwerk „Technisches Zeichnen" herausgegeben. Es hat sich in der Praxis gut bewährt und gilt seitdem als beliebtes Übungsbuch. In den regelmäßig aktualisierten Folgeauflagen erweiterte sich die „Praxis" zu einem eigenständigen Lehrgang in Buchform, was teilweise Überschneidungen zum „Hoischen" mit sich brachte.

Nach dem plötzlichen Tod des Verfassers im Jahr 2002 wurde der Band in seiner 13. Auflage zunächst mit unverändertem Konzept weitergeführt und lediglich aktualisiert. In der jetzt vorliegenden 14. Auflage erfolgte eine grundlegende Bearbeitung. Dabei war es Anliegen des Bearbeiters, das Buch auf seinen ursprünglichen Zweck zurückzuführen, nämlich ein schlankes, „machbares" Arbeitsbuch anzubieten.

Diesem Zweck folgend wurde der Inhalt gestrafft sowie auf Übungen konzentriert und die Doppelungen zum „Hoischen" sind weitgehend herausgenommen worden. Nach wie vor deckt das Werk
• in Teil 1 die Grundlagen des technischen Zeichnens ab und behandelt
• in Teil 2 das Lesen und Anfertigen von Gesamt- und Teilzeichnungen und Baugruppen.
• Neu angefügt wurde Teil 3 über CAD/2D-Konstruktion (verfasst von Hans-Jürgen Grigat).

In schlüssiger Gliederung findet der Benutzer alle wesentlichen Grundlagen und typische Aufgaben, sodass das Buch als Arbeitsbuch in nahezu allen Kursen und Lehrgängen des technischen Zeichnens in der Aus– und der Fortbildung (z.B. auch in der Meister- oder Technikerausbildung) sowie im Studium eingesetzt werden kann. Dabei war es zugleich Anliegen von Bearbeiter und Verlag, Lehrern/Dozenten sowie Studierenden/Schülern ein Arbeitsmaterial zu bieten, das für einen handlungs- und lernfeldorientierten Unterricht geeignet ist.

Das Buch lässt sich unabhängig benutzen, kann aber auch gut als Zusatzmaterial zum ebenfalls neu bearbeiteten „Hoischen/Hesser" (ab der 30. Auflage) herangezogen werden. Dass zugleich eine erneute Aktualisierung vorgenommen wurde, ist selbstverständlich.

Das Buch wurde neu gesetzt und gezeichnet und trotz intensiver Maßnahmen zur Qualitätssicherung mag dies bei der Fülle der zu verarbeitenden Details fehleranfällig sein. Wir sind deshalb dankbar für Hinweise auf mögliche Fehler, inbesondere aber auch für Verbesserungsvorschläge aus der Praxis, die uns helfen, die neue Konzeption des Werkes noch weiter zu optimieren.

Meschede/Düsseldorf, im August 2006
OStD Jochen Kriebel und Cornelsen Verlag Scriptor

Inhaltsverzeichnis

1 Grundlagen des technischen Zeichnens
1.1 Bedeutung der technischen Zeichnung und Zeichnungsnormen

Die heutige moderne Fertigung ist gekennzeichnet durch eine weitgehende Arbeitsteilung. Im Hinblick auf eine kostengünstige Herstellung wird ein Werkstück meist nacheinander in mehreren Werkstätten eines Werkes oder sogar in einem anderen Werk gefertigt. Normteile werden im Allgemeinen in großen Stückzahlen von Spezialfabriken hergestellt und von dort kostengünstig bezogen.

Diese Arbeitsteilung macht die technische Zeichnung als Verständigungsmittel und Informationsträger zwischen dem Konstruktionsbüro, der Arbeitsvorbereitung und den einzelnen Werkstätten eines Werkes erforderlich.

In der technischen Zeichnung ist das räumliche Werkstück durch senkrechte Parallelprojektion in den notwendigen Ansichten dargestellt. Die Bemaßung legt dabei die Form und Abmessungen des Werkstückes eindeutig fest. Ferner enthält die technische Zeichnung alle notwendigen Angaben über Maßtoleranzen, Oberflächengüten, Werkstoffe und Wärmebehandlungen, sodass das Werkstück ohne Rückfragen gefertigt werden kann.

In der modernen Fertigung entwirft und zeichnet der Konstrukteur ein Werkstück mithilfe eines CAD-Systems auf dem Bildschirm. Dabei werden Zeichnungsdaten rechnerintern als Geometriemodell des Werkstücks abgespeichert. Mithilfe der EDV werden dann in der Arbeitsvorbereitung anhand der Geometrie- und Werkzeugdaten die Werkzeugverfahrwege festgelegt und das NC-Programm unter Berücksichtigung von Technologiedaten erstellt.

Sowohl beim manuellen als auch beim rechnergestützten Konstruieren und Zeichnen müssen die Regeln und Normen des technischen Zeichnens zugrunde gelegt werden, damit keine Unklarheiten oder Fehlinterpretationen bei technischen Zeichnungen auftreten können.

Die vom Deutschen Institut für Normung (DIN) herausgegebenen Zeichnungsnormen berücksichtigen weitgehend die Normen und Empfehlungen der Internationalen Normenorganisationen ISO.

DIN-EN-Normen sind Europäische Normen, deren deutsche Fassung als Deutsche Normen gelten. Normen werden auf dem Gebiet der Technik mit Ausnahme der Elektrotechnik in Westeuropa unter Berücksichtigung der ISO-Normen erarbeitet, um die nationalen Normen untereinander in Einklang zu bringen. Teilweise werden ISO-Normen als EN-Normen übernommen.

Hier sei auf einige wichtige Zeichnungsnormen hingewiesen:

DIN EN ISO 3098-2	ISO-Normschrift
DIN ISO 128	Ansichten und Schnitte
DIN ISO 128-20 und -24	Linien in Zeichnungen
DIN 406-11	Regeln der Maßeintragung in Zeichnungen
DIN EN ISO 5457	Blattgrößen
DIN EN ISO 1302	Angaben der Oberflächenbeschaffenheit in Zeichnungen
DIN ISO 5455	Maßstäbe für technische Zeichnungen
DIN ISO 6410-1	Darstellen und Bemaßen von Gewinden

Es sei erwähnt, dass technische Zeichnungen und Stücklisten die Grundlagen der technischen Produkt-Dokumentation sind.

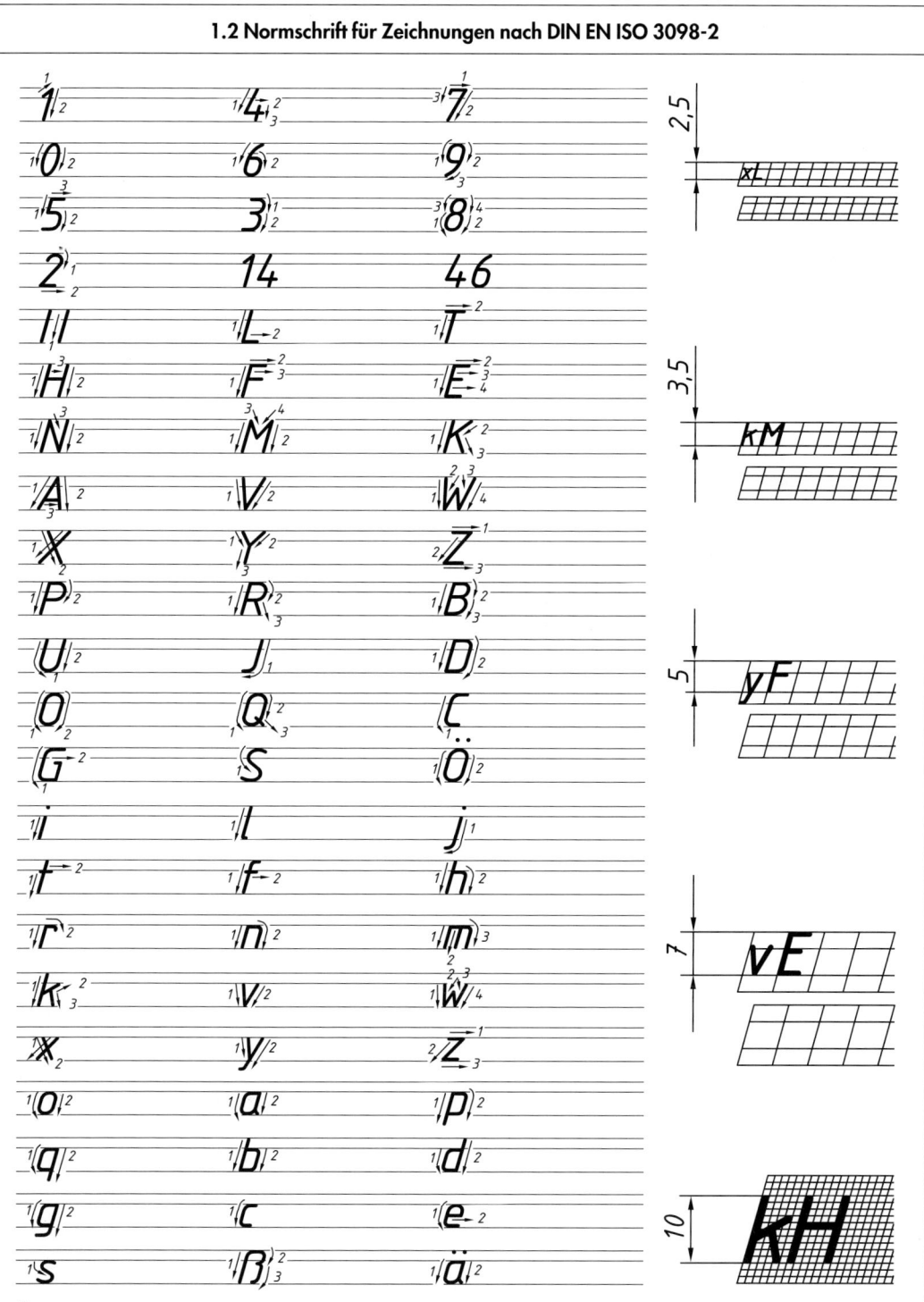

Üben Sie auf Raster nach DIN EN ISO 3098-2 Schriftform B, schräg, die Schrift in verschiedenen Größen und entsprechenden Linienbreiten, erst mit Blei-, z.B. Feinminenstiften, dann mit Norm-Tuschefüller m und Schriftschablonen m.

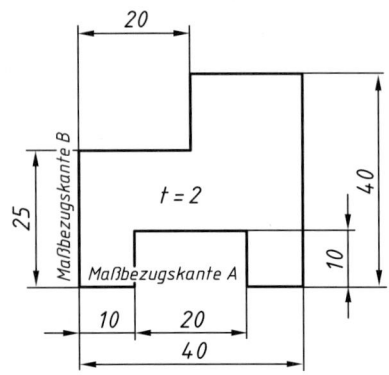

8.1   Bemaßung ausgehend von Bezugskanten

Flache Werkstücke, auch als Bleche bezeichnet, zeichnet man in einer Ansicht und zwar in der Vorderansicht, da diese die Form und Maße eindeutig erkennen lässt. Als sichtbare Körperkanten werden die Umrisse eines Werkstückes in breiter Volllinie je nach Größe des Zeichnungsformats in einer der Liniengruppen nach DIN ISO 128-24 gezeichnet.

Die Bemaßung kann nach verschiedenen Gesichtspunkten durchgeführt werden: fertigungsbezogen, funktionsbezogen und prüfbezogen. In diesem Buch soll nur die fertigungsbezogene Bemaßung angewendet werden. Eine Bemaßung ist fertigungsbezogen, wenn die Maße ohne Umrechnung für die Fertigung verwendet werden können.

Bei unsymmetrischen Werkstücken erfolgt das Eintragen der Maße von zwei rechtwinklig aufeinander stehenden Maßbezugsebenen, den Maßbezugsflächen bzw. Maßbezugskanten aus, s. z.B. 8.1.

Die Regeln für das Bemaßen enthält DIN 406-111.

Die Zeichnungsnormen schreiben folgende Grundregeln für das Bemaßen vor: **Maßlinien** und **Maßhilfslinien** werden als schmale Volllinien einer Liniengruppe gezeichnet. Maßlinien stehen rechtwinklig zwischen den Körperkanten oder rechtwinklig zwischen den herausgezogenen Maßhilfslinien, 8.2.

Die Maßlinien sind ~10 mm von der Körperkante entfernt, weitere parallele Maßlinien wenigstens je ~ 7 mm im Abstand davon zu zeichnen. Maßhilfslinien ragen etwa 2 mm über die Maßlinien hinaus. Maß- und Maßhilfslinien sollen keine anderen Maßlinien schneiden.

Als Maßlinienbegrenzung dienen im Allgemeinen volle **Maßpfeile** unter einem Spitzenwinkel von = 15°. Ihre Länge richtet sich nach der Breite d der schmalen Volllinie, der in der Zeichnung gewählten Liniengruppe, 8.3.

Bei Platzmangel darf auch als Maßlinienbegrenzung ein Punkt angewendet werden, 8.5.

Ferner gibt es nach DIN 406-11 auch nicht ausgefüllte Pfeile als Maßlinienbegrenzung, die vorwiegend in Zeichnungen Verwendung finden, die auf Plottern erstellt werden.

Maßzahlen sind in ISO-Normschrift nach DIN EN ISO 3098-2 in Fertigungszeichnungen nicht kleiner als 3,5 mm hoch, in Millimetern ohne Maßeinheit, über die Maßlinie einzutragen. Wenn andere Maßeinheiten als Millimeter verwendet werden, so ist die Maßeinheit hinter die Maßzahl zu setzen.

Die Schreibrichtung der Maße verläuft wie die dazugehörende Maßlinie. Alle Maße sind so einzutragen, dass sie von unten oder von rechts lesbar sind, wenn die Zeichnung in Leserichtung gehalten wird.

Jedes Maß eines Formelementes ist in einer Zeichnung nur einmal einzutragen. Maßzahlen dürfen weder durch Linien getrennt noch gekreuzt werden.

8.2   Maßeintragung

Maßlinie
Maßzahl
Maßpfeil
Maßhilfslinie

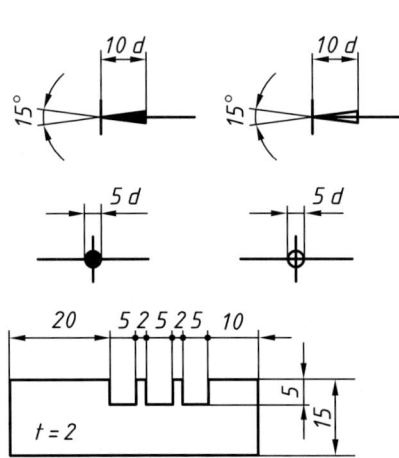

8.3 … 7   Maßlinienbegrenzung

Übung: Zeichnen und Bemaßen unsymmetrischer, flacher Werkstücke

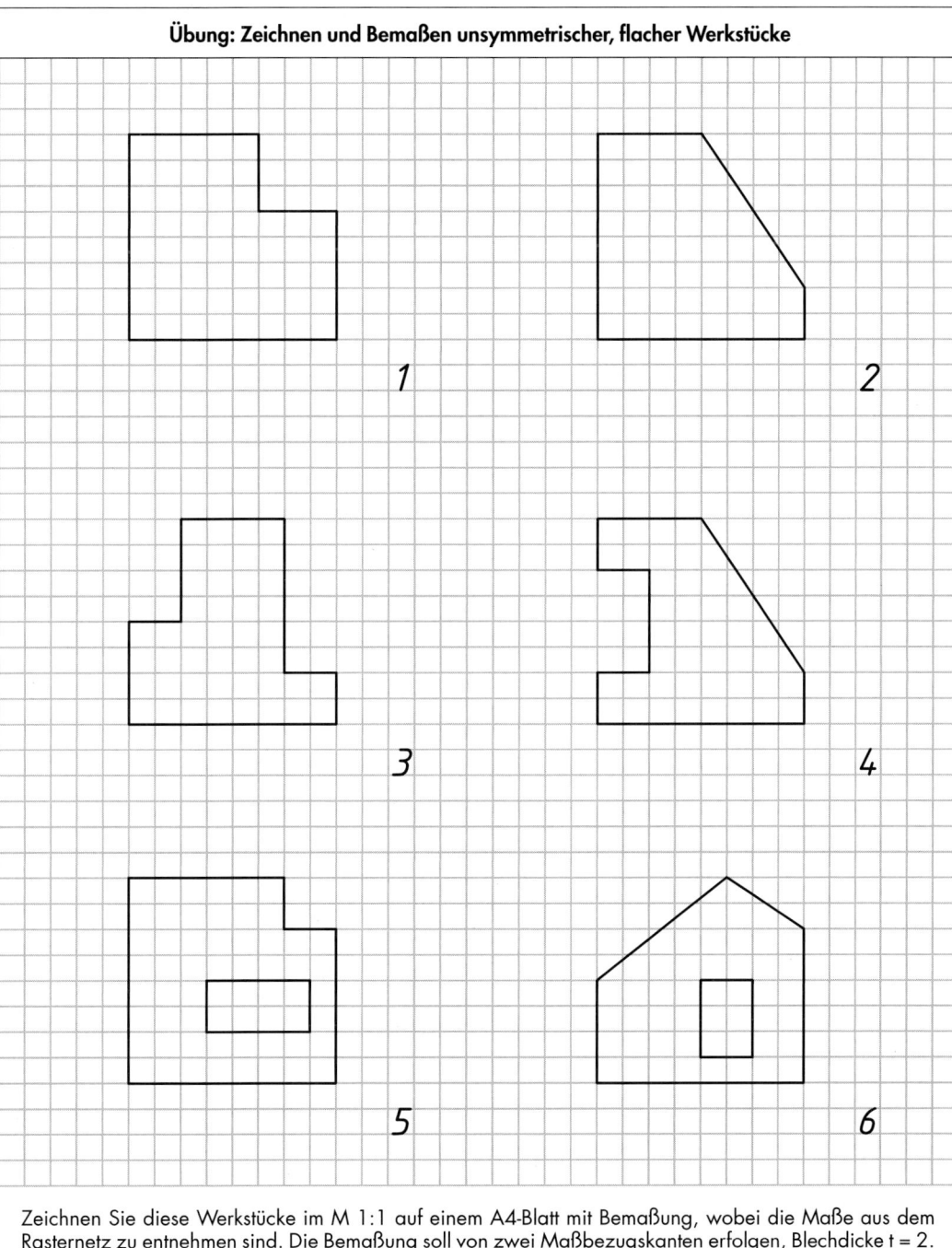

1

2

3

4

5

6

Zeichnen Sie diese Werkstücke im M 1:1 auf einem A4-Blatt mit Bemaßung, wobei die Maße aus dem Rasternetz zu entnehmen sind. Die Bemaßung soll von zwei Maßbezugskanten erfolgen, Blechdicke t = 2.

	Verantwortl. Abt.	Technische Referenz	Erstellt durch	Genehmigt von	
			Dokumentenart		Dokumentenstatus
			Titel, Zusätzlicher Titel		
			Unsymmetrische, flache Werkstücke	Änd. Ausgabedatum	Spr. Blatt

9

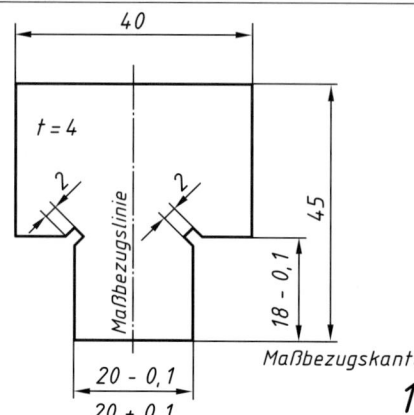

10.1 Rechtecklehre

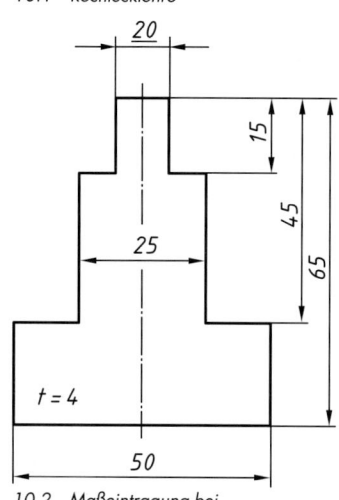

10.2 Maßeintragung bei
unmaßstäblicher Darstellung

Symmetrische Werkstücke, das sind spiegelbildgleiche Werkstücke, weisen eine Mittellinie auf. Mittellinien werden als strichpunktierte schmale Volllinien gezeichnet und ragen einige Millimeter über die Werkstückkanten hinaus.
Mittellinien schneiden sich nur in den Mitten der Strichlinien, nicht in den Punkten.

Die Mittellinie ist die Maßbezugslinie für die Breitenmaße, z.B. bei der Rechtecklehre, 10.1. Die Längenmaße sind von einer Maßbezugskante aus einzutragen.

Werden Mittellinien als Maßhilfslinien benutzt, so zieht man sie außerhalb der Werkstückkanten als schmale Volllinien aus.

1 Die Rechtecklehre ist ein Prüfmittel, das zum Prüfen stets gleicher Abmessungen an Werkstücken dient.

Zur besseren Funktion weist dieses Staubnuten in Form von Einschnitten mit 2 mm Breite und 2 mm Tiefe auf.

Unmaßstäbliche Maße dürfen nur in Ausnahmefällen in Handzeichnungen, aber nicht in CAD-Zeichnungen angewendet werden. Bei unmaßstäblichen Abmessungen werden die Maßzahlen unterstrichen, 10.2.

Normmaße sind nach DIN 323-1 in mm festgelegt.

2 Wählen Sie stets statt willkürlicher Maße Normmaße, und zwar die fettgedruckten Hauptwerte. Das führt in der Praxis zur häufigeren Wiederkehr gleicher Maße, setzt die Lagerhaltung von Werkstoffabmessungen herab und steigert die Ausnutzung von bestimmten Werk-, Messzeugen und Vorrichtungen. Die Folge sind erhebliche Kosteneinsparungen.

Die Tabellenwerte sind nach Bedarf mit den Zehnerpotenzen 0,1, 1, 10, 100 usw. zu multiplizieren.

1	1,06	**1,12**	1,18	**1,25**	1,32	**1,4**	1,5	**1,6**	1,7	**1,8**	1,9	**2**	2,12	**2,24**	2,36	**2,5**	2,65	**2,8**	3	**3,13**
	1,05	1,1	1,2		1,3								2,1	2,2	2,4		2,6			3,2
3,35	**3,55**	3,75	4	4,25	**4,5**	4,75	5	5,3	**5,6**	6	**6,3**	6,7	**7,1**	7,5	**8**	8,5	**9**	9,5	**10**	
3,4	3,6	3,8		4,2		4,8														

Übung: Zeichnen und Bemaßen symmetrischer, flacher Werkstücke

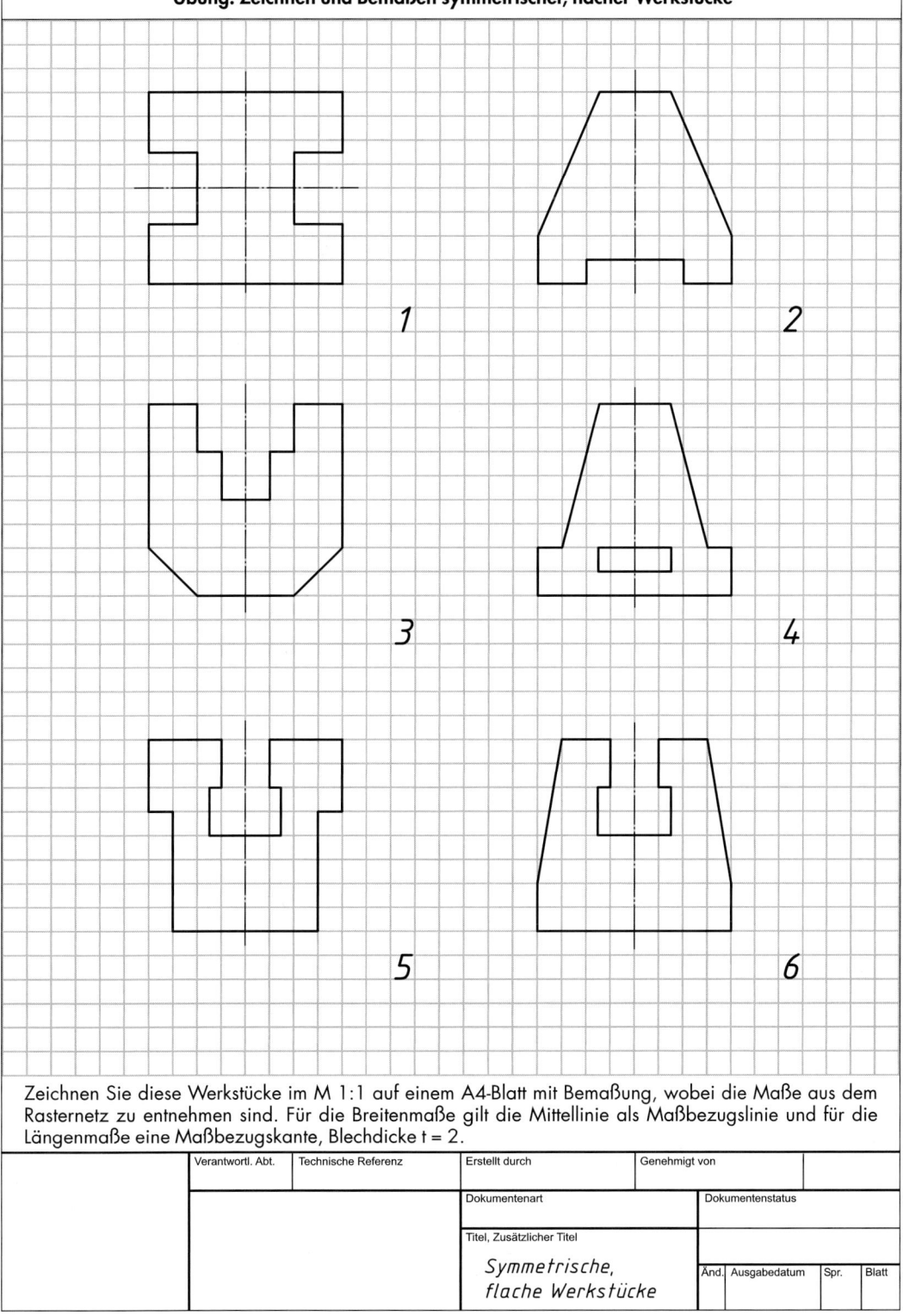

1

2

3

4

5

6

Zeichnen Sie diese Werkstücke im M 1:1 auf einem A4-Blatt mit Bemaßung, wobei die Maße aus dem Rasternetz zu entnehmen sind. Für die Breitenmaße gilt die Mittellinie als Maßbezugslinie und für die Längenmaße eine Maßbezugskante, Blechdicke t = 2.

Verantwortl. Abt.	Technische Referenz	Erstellt durch	Genehmigt von	
		Dokumentenart		Dokumentenstatus
		Titel, Zusätzlicher Titel		
		Symmetrische, flache Werkstücke	Änd. Ausgabedatum Spr. Blatt	

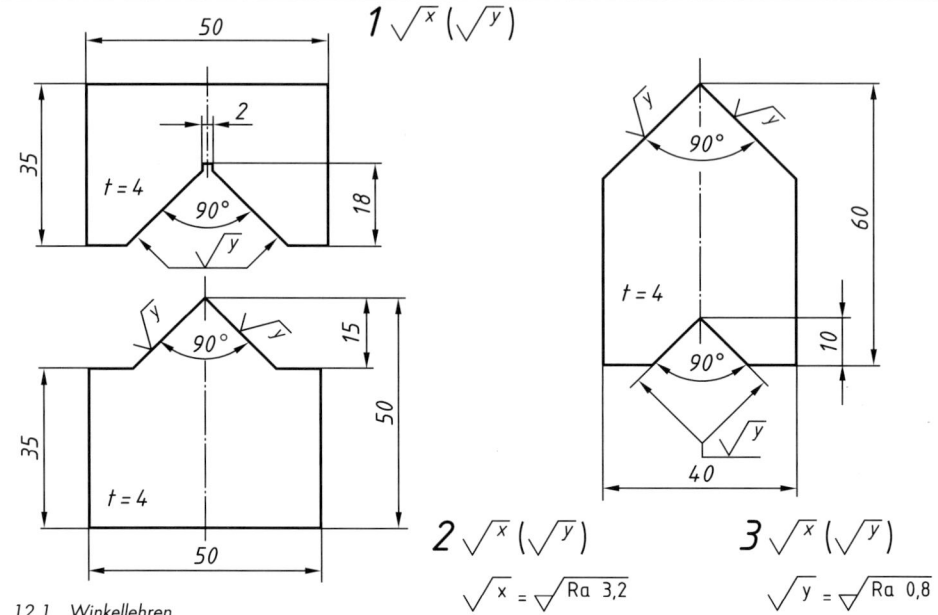

12.1   Winkellehren

$$1 \sqrt[x]{} \left(\sqrt[y]{} \right)$$

$$2 \sqrt[x]{} \left(\sqrt[y]{} \right)$$

$$\sqrt[x]{} = \sqrt{} \; Ra \; 3,2$$

$$3 \sqrt[x]{} \left(\sqrt[y]{} \right)$$

$$\sqrt[y]{} = \sqrt{} \; Ra \; 0,8$$

Die Formen flacher Werkstücke sollen nach Möglichkeit nur durch Längenmaße festgelegt werden, weil das Anreißen mit Maßstab, Anschlagwinkel und Zirkel vorteilhaft ist.

Das Bemaßen von Winkellehren aus Blech macht eine Ausnahme. Hierbei werden neben Längenmaßen auch Winkelmaße verwendet.

Die Oberflächenangaben nach DIN ISO 1302 besagen, dass alle Werkstückflächen einen Mittenrauwert Ra ≤ 3,2 µm besitzen sollen mit Ausnahme der Flächen, die durch die Oberflächenangabe   gekennzeichnet sind und einen Mittenrauwert Ra ≤ 0,8 µm aufweisen.

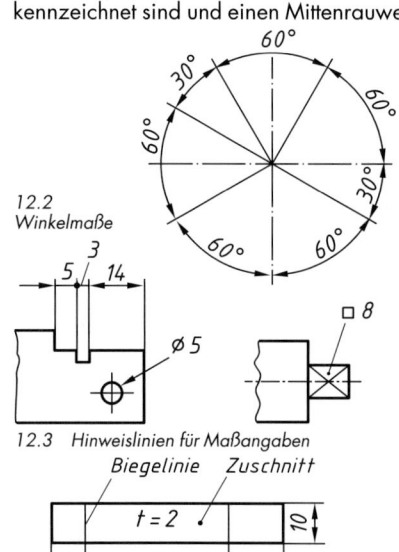

12.2
Winkelmaße

12.3   Hinweislinien für Maßangaben

12.4   Hinweislinien für Textangaben

Winkelmaße werden tangential über der Maßlinie eingetragen. Sie sollen auch von rechts oder von unten zu lesen sein. Bei Winkelmaßen wird die Maßeinheit ° (Grad) erhöht hinter die Maßzahl gesetzt, 12.2.

Die Schreibrichtung von Maßen, Symbolen und Wortangaben in Zeichnungen verläuft im Allgemeinen wie die zugehörige Maßlinie. Hiervon ausgenommen sind Maße:

  an gekrümmten Maßlinien,
  bei steigender Bemaßung,
  in CAD-Zeichnungen, die nach der Methode 2 nur in einer Hauptleserichtung beschriftet sind,
  an Hinweislinien.

Hinweislinien werden als schmale Volllinien schräg aus der Darstellung herausgezeichnet. Sie dürfen bei Platzmangel auch für die Maßeintragung verwendet werden.

Hinweislinien enden:

  mit einem Pfeil an einer Körperkante, 12.3
  mit einem Punkt in einer Fläche, 12.3, 12.4
  ohne Begrenzung an allen anderen Linien,
  z.B. Maßlinien und Mittellinien, 12.3, 12.4

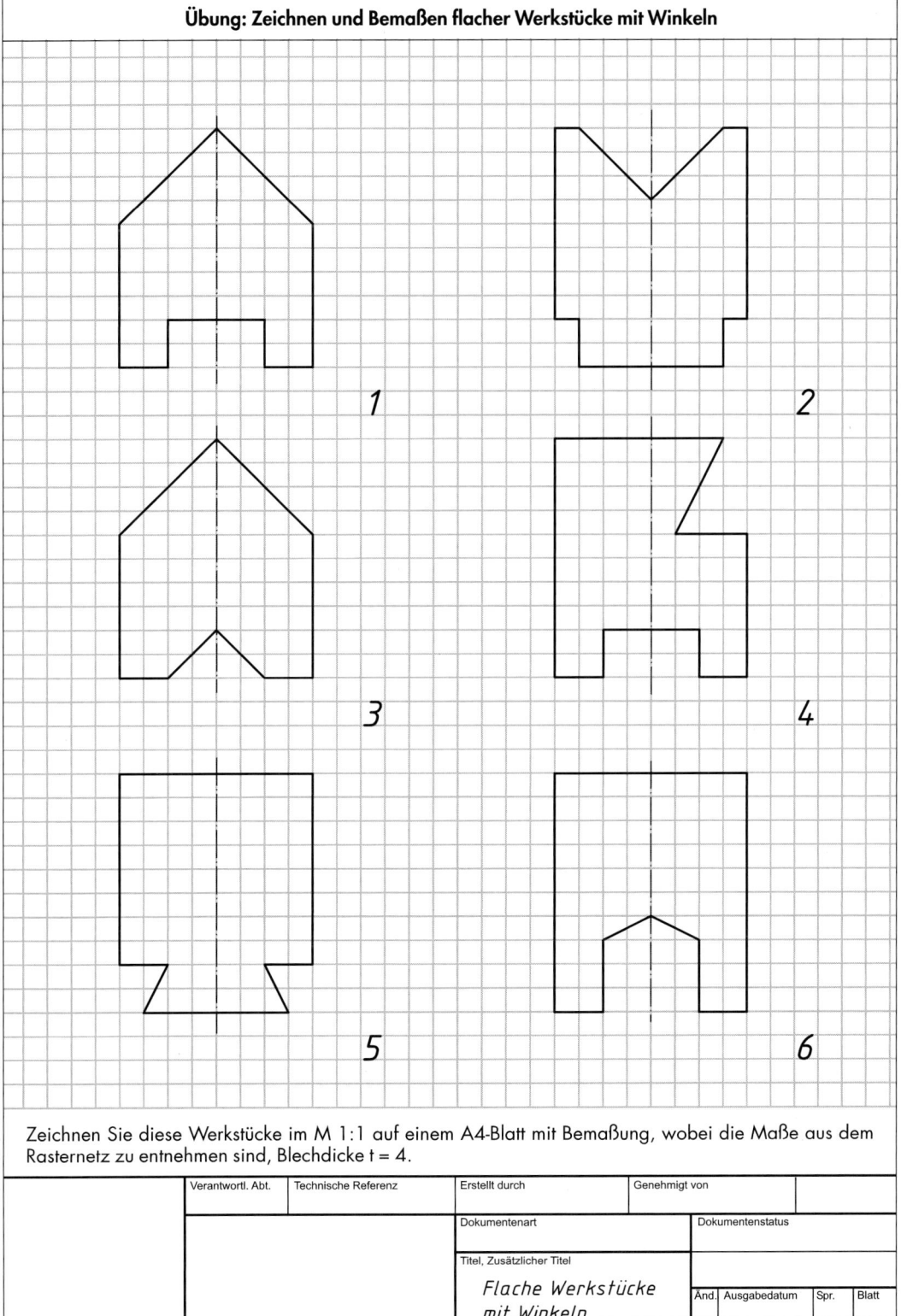

Zeichnen Sie diese Werkstücke im M 1:1 auf einem A4-Blatt mit Bemaßung, wobei die Maße aus dem Rasternetz zu entnehmen sind, Blechdicke t = 4.

	Verantwortl. Abt.	Technische Referenz	Erstellt durch		Genehmigt von	
			Dokumentenart		Dokumentenstatus	
			Titel, Zusätzlicher Titel			
			Flache Werkstücke	Änd.	Ausgabedatum	Spr.	Blatt
			mit Winkeln				

13

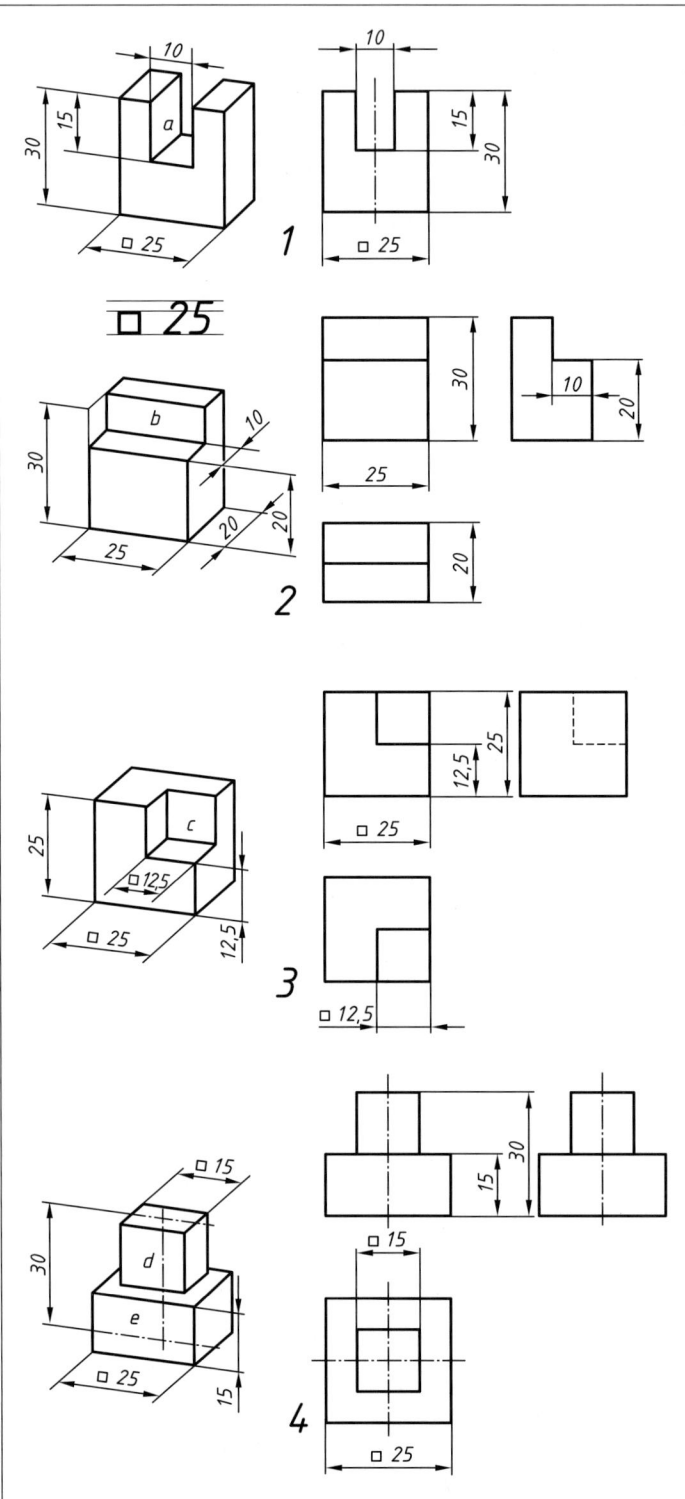

Das Werkstück 1 ist nur in der Vorderansicht dargestellt.

In dieser Ansicht ist zu erkennen, dass das prismatische Werkstück eine quadratische Grundfläche besitzt aufgrund des Quadrat-Symbols vor der Maßzahl 25 sowie im oberen Teil eine mittig liegende Nut a aufweist.

Das Quadrat-Symbol wird beim Bemaßen einer Quadratform stets vor die Maßzahl gesetzt.

Das Werkstück 2 besitzt im oberen Teil einen Absatz b. In der technischen Zeichnung lässt die Seitenansicht von links diesen Absatz am deutlichsten erkennen.

In der Vorderansicht und Draufsicht ist er durch die durchgehenden waagerechten Kanten dargestellt.

Das Werkstück 3 hat in der oberen rechten Ecke eine Aussparung c.

In der technischen Zeichnung ist diese Aussparung in der Vorderansicht und Draufsicht sichtbar und daher als Volllinie gezeichnet. In der Seitenansicht von links ist sie verdeckt und daher an den gestrichelten Linien zu erkennen.

Beim Werkstück 4 sitzt ein Zapfen d mitten auf einem Prisma e. In der technischen Zeichnung erkennt man die Form des Werkstückes eindeutig aus der Vorderansicht und Draufsicht. Die Draufsicht zeigt auch die Lage des Zapfens.

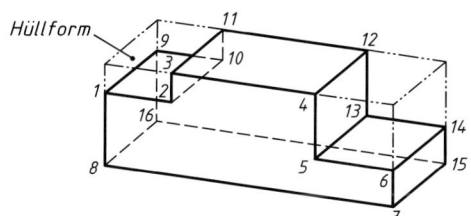

Hüllform

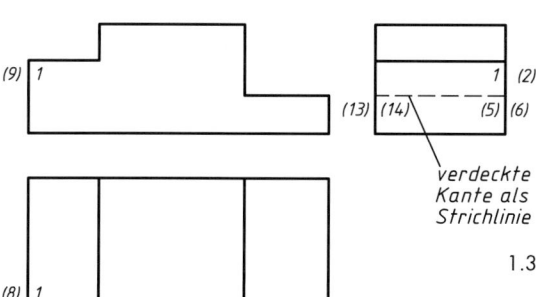

15.1   Technische Zeichnung

verdeckte
Kante als
Strichlinie

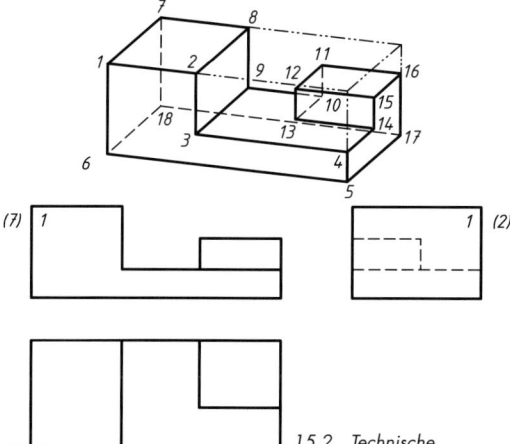

15.2   Technische
Zeichnung

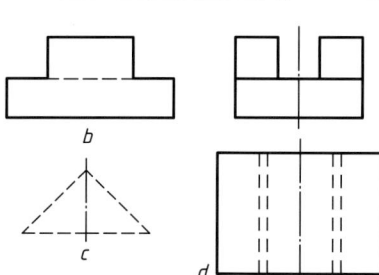

b
c
d
a

15.3   Eintragen der Strichlinien

1.   Bestimmen der Eckpunkte, Kanten und Flächen:

1.1   Suchen Sie nacheinander den Eckpunkt 1 (später 2, 3 ... 18) erst in der perspektivischen Darstellung, darauf in der A, B und C der technischen Zeichnung auf und tragen ihn dort ein. Zum besseren Verstehen denkt man sich beim Betrachten der B des Körpers diesen vorher aus der A um 90° nach vorn gekippt, bei der C vorher aus der A um 90° nach rechts gedreht. Dadurch erkennen Sie, dass die 3 flächenhaften Ansichten der technischen Zeichnung ein und denselben Gegenstand darstellen, der aber von drei Seiten aus angesehen wird.

1.2   Danach bestimmen Sie nacheinander die einzelnen Kanten 1 – 2 (später 1 – 3 ...) je am Körper und in der A, B und C der technischen Zeichnung. Sie erkennen dabei: z. B. die Kante 11 – 12 liegt am Körper, wenn Sie diesen in Augenhöhe halten, desgleichen in der A oben, hinten, verdeckt, daher ist er in der A in Klammern einzutragen. Kante 11 – 12 fällt in der A mit der sichtbaren Kante 3 – 4 zusammen. In der B liegt die Kante 11 – 12 oben, vorn, sichtbar. Denken Sie sich hierbei den Körper um 90° aus der A gekippt. In der C liegt die Kante 11 – 12 oben links. Sie erscheint dort nur als Eckpunkt, und zwar ist 11 sichtbar, 12 verdeckt. 12 ist einzuklammern.

1.3   Die Fläche 1 – 2 – 3 – 4 – 5 – 6 – 7 – 8 liegt am Körper und in der A vorn, sichtbar. In der B liegt diese Fläche unten und erscheint dort als durchgehende gerade Strecke. Denken Sie hierbei wieder an den aus der A um 90° gekippten Körper.
In der C erscheint die Fläche als gerade, rechts liegende, senkrechte Strecke. Hinter der scheinbar waagerechten und senkrechten Geraden muss man sich die wahre Vorderfläche des Körpers vorstellen.

2.   Bei der Beschreibung eines Werkstückes geht man von der übergeordneten Gestalt, der Hüllform, aus. Dies ist in unserem Beispiel ein Rechteckprisma. Die Fertigform erhält man durch das Herausschneiden eines kleinen Teilprismas oben links und eines größeren rechts mit je entsprechender Breite und Dicke. Wenn Sie sich das Fertigstück als beidseitig gestuftes Rechteckprisma bei geschlossenem Buch vorstellen können, so skizzieren Sie es aus dem Gedächtnis, falls möglich, in perspektivischer Darstellung und als technische Zeichnung in der A, B und C. Stimmt Ihre Skizze mit Ihrer Vorstellung überein? Vergleichen Sie diese mit der Musterzeichnung dieses Buches.

3.   Erarbeiten Sie Teil 15.2 in ähnlicher Weise. Wenden Sie dieses Verfahren der Formerfassung immer dann an, wenn Ihnen das räumliche Vorstellen Schwierigkeiten bereitet.

Verdeckte Kanten werden als schmale Strichlinien gezeichnet, 15.3.

BEACHTEN SIE:

a)   Verdeckte Kanten schließen wie in der Zeichnung 15.3 d direkt an.

b)   Beim Übergang einer sichtbaren in eine verdeckte Kante darf eine Lücken von ≈ 1 mm gelassen werden.

c)   Strichlinien stoßen nur an den Enden zusammen und bilden dort volle Ecken.

d)   Dicht benachbarte, parallele Strichlinien werden gegeneinander versetzt gezeichnet.

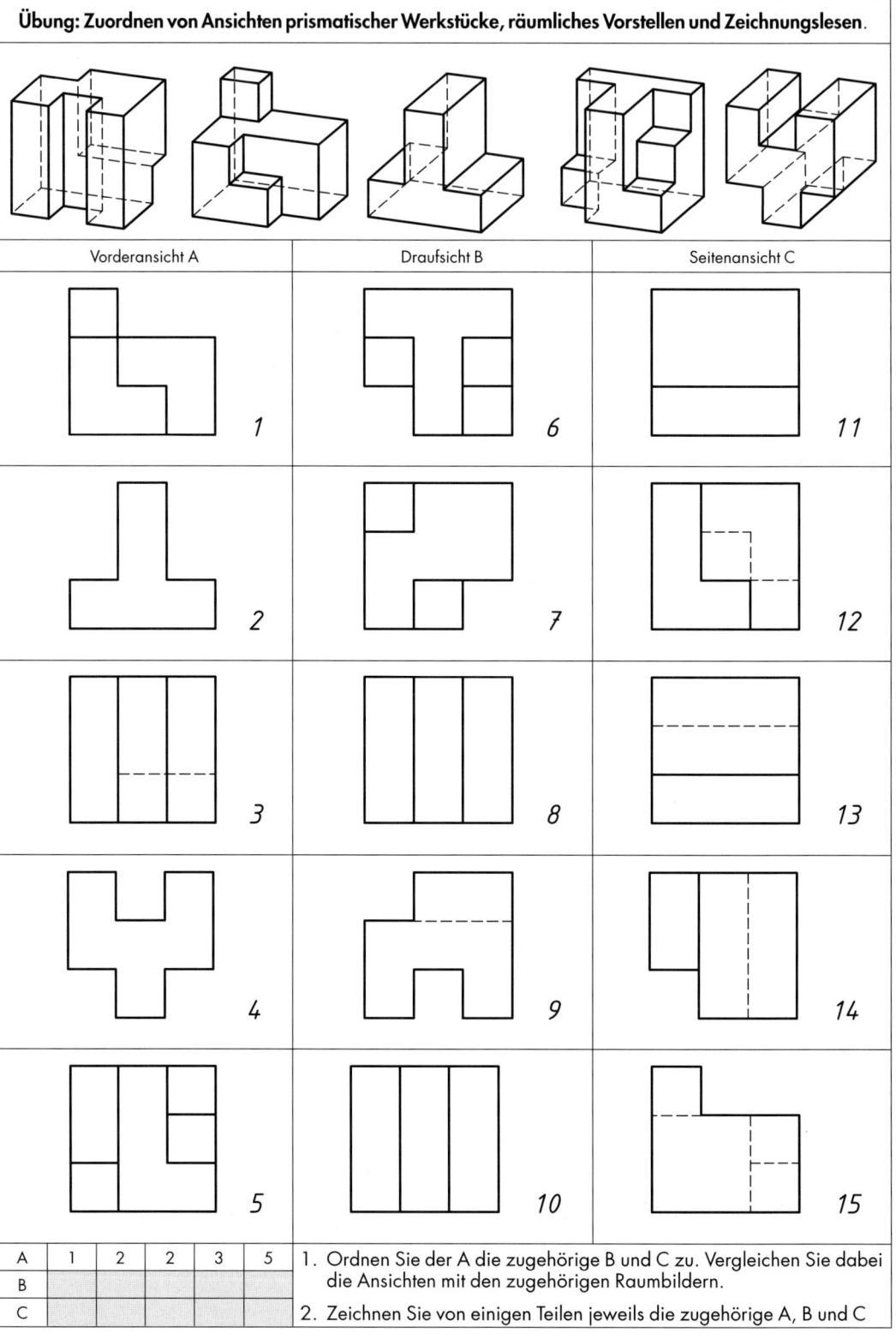

Übung: Zuordnen von Ansichten prismatischer Werkstücke, räumliches Vorstellen und Zeichnungslesen.

Vorderansicht A	Draufsicht B	Seitenansicht C
1	6	11
2	7	12
3	8	13
4	9	14
5	10	15

A	1	2	2	3	5
B					
C					

1. Ordnen Sie der A die zugehörige B und C zu. Vergleichen Sie dabei die Ansichten mit den zugehörigen Raumbildern.

2. Zeichnen Sie von einigen Teilen jeweils die zugehörige A, B und C

16

Übung: Auswahl von Ansichten prismatischer Werkstücke, räumliches Vorstellen und Zeichnungslesen

1.1   1.2   1.3

2.1   3.2   4.3

3.1   4.1

3.2   4.2

3.3   4.3

1. Wählen Sie jeweils die normgerechte Seitenansicht bzw. Draufsicht aus.
2. Vergleichen Sie die Ansichten mit den entsprechenden Raumbildern.

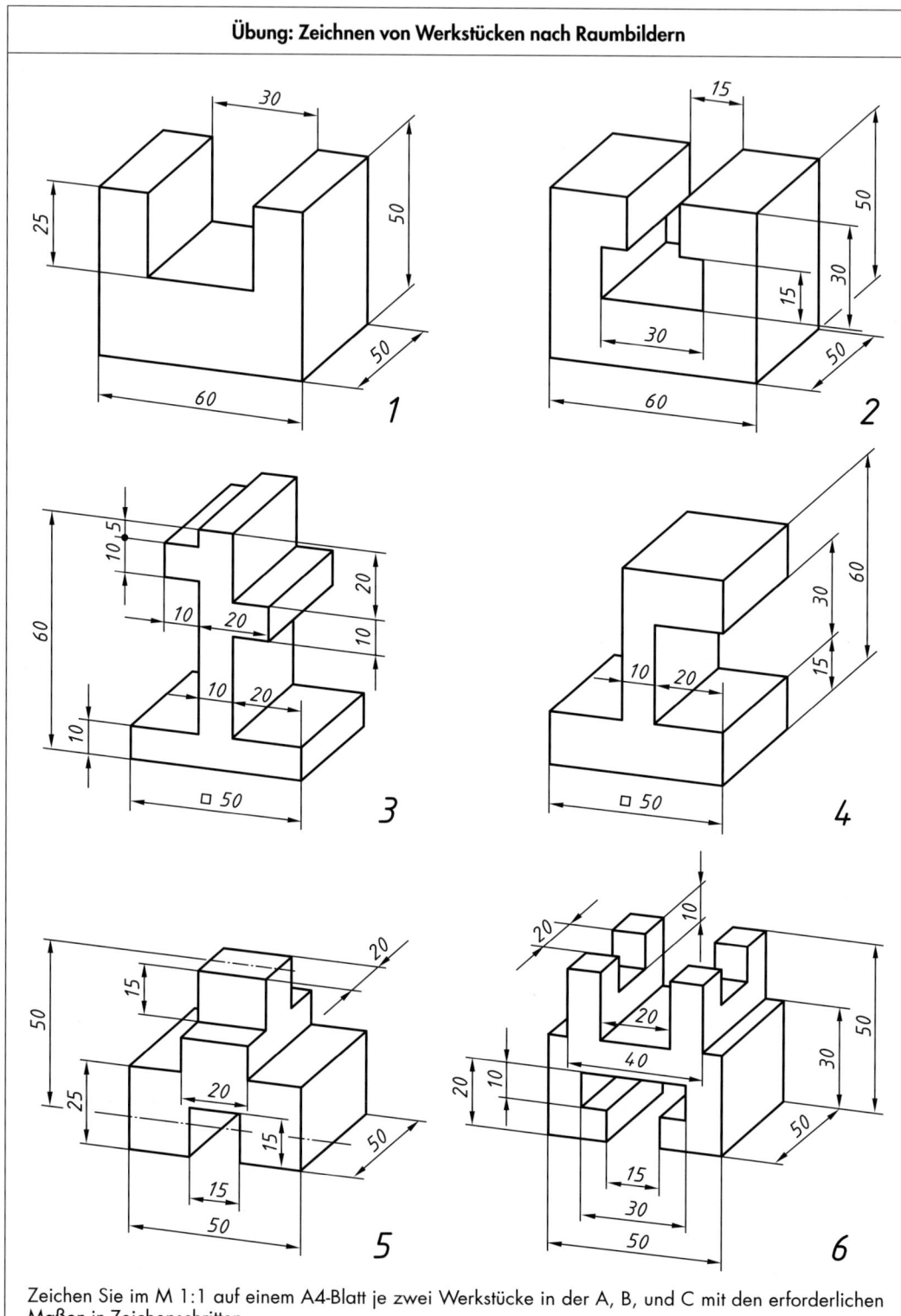

Zeichnen Sie im M 1:1 auf einem A4-Blatt je zwei Werkstücke in der A, B, und C mit den erforderlichen Maßen in Zeichenschritten.

Übung: Räumliches Vorstellen durch Ergänzungszeichnen

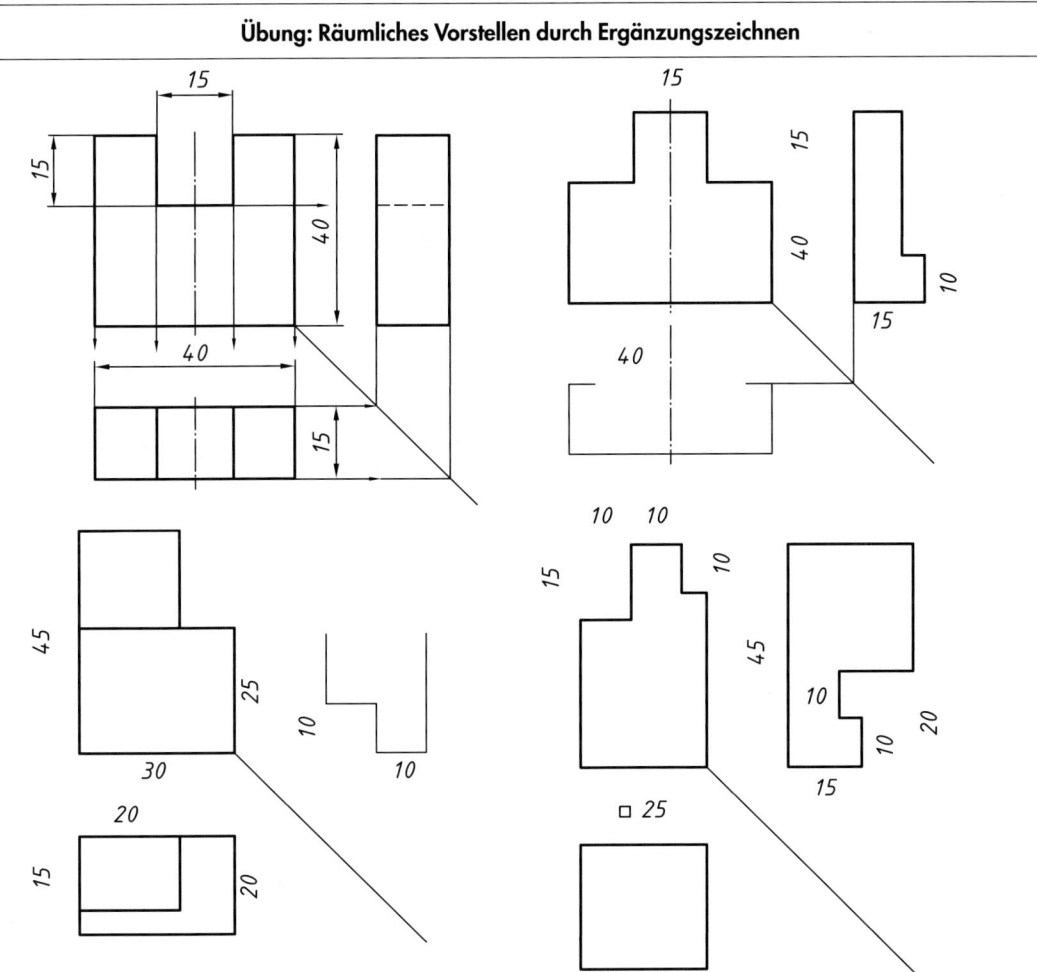

1. Räumliches Vorstellen:
   Teil 1 ist aus der gegebenen A und C als ein Flachstück in Form eines stehenden Rechteckprismas mit einer im oberen Teil durchgehenden Rechtecknut erkennbar.

2. Zeichenschritte:

2.1 Durch Projizieren aus der A in die B erhält man die Breite und aus der C in die B mithilfe der 45°-Diagonale die Dicke des Werkstückes und so seine Umrissform als Rechteck. Dann projiziert man die Nut aus der A.

2.2 Ausziehen der B mit gleicher Linienbreite wie die der A und C.

2.3 Zeichnen der Maßhilfs- und Maßlinien für die Hauptmaße: Breite, Dicke und Höhe sowie für die Fertigmaße der Nut: Breite und Tiefe. Maßpfeile eintragen. Endkontrolle.

3. Zeichnen der gegebenen Ansichten der Teile 2 ... 4 mit den angedeuteten Maßen im M 1:1 als Entwurf. Ergänzen der fehlenden Ansichten und in sämtlichen Ansichten der noch fehlenden Kanten. Dabei stellen Sie sich jedes Teil räumlich vor.

	Verantwortl. Abt.	Technische Referenz	Erstellt durch		Genehmigt von		
			Dokumentenart		Dokumentenstatus		
	Prismatische Werkstücke		Titel, Zusätzlicher Titel				
	mit Nut und Zapfen		*Ergänzungszeichnen*			Änd. Ausgabedatum	Spr. Blatt

1.7 Zeichnen und Bemaßen von Werkstücken als Raumbilder

Schaut man so auf einen Gegenstand, dass sich seine Vorderfläche, eine Seiten- und die Deckfläche auf einer Zeichenfläche abbilden, dann wird diese Darstellung als Raumbild bezeichnet. Bilder 1 ... 9.

Raumbilder sind sehr anschaulich, leicht erstellbar und helfen das räumliche Vorstellen zu schulen und zu testen. Sie werden vorwiegend als dimetrische Darstellung nach Bild 2 gezeichnet.

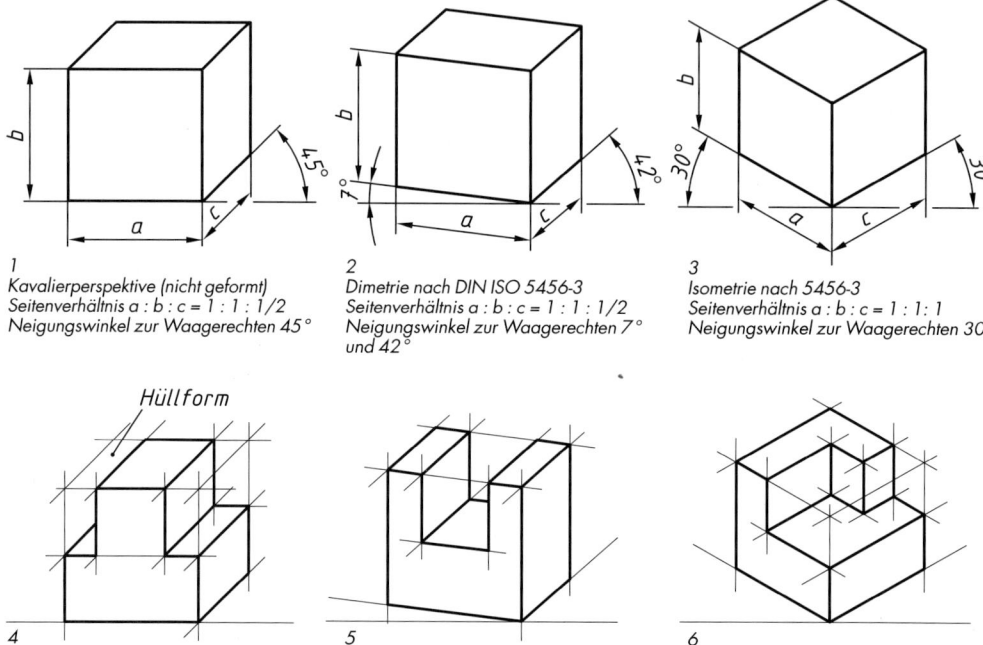

1
Kavalierperspektive (nicht geformt)
Seitenverhältnis a : b : c = 1 : 1 : 1/2
Neigungswinkel zur Waagerechten 45°

2
Dimetrie nach DIN ISO 5456-3
Seitenverhältnis a : b : c = 1 : 1 : 1/2
Neigungswinkel zur Waagerechten 7°
und 42°

3
Isometrie nach 5456-3
Seitenverhältnis a : b : c = 1 : 1 : 1
Neigungswinkel zur Waagerechten 30°

Hüllform

4

5

6

Bilder 4, 5 und 6 lassen die Zeichenschritte für das Erstellen dieser Raumbilder erkennen:
1. Entwerfen der jeweiligen Würfelform (= Hüllform).
2. Konstruieren jeder Fertigform unter gedanklichem Nachvollzug des jeweiligen Fertigungsverlaufes
3. Ausziehen der Fertigstücke.

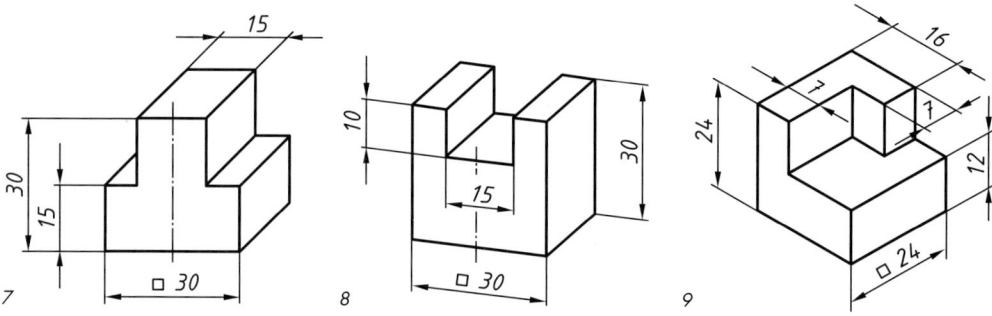

7

8

9

Bilder 7, 8 und 9 zeigen, wie die Maßlinien zwischen den herausgezogenen Maßhilfslinien oder auch den Körperkanten zu ziehen sind. Die Maßzahlen für Fertigungs- und Baumaße sind nach DIN 406 unter 75° einzutragen.

ÜBUNGEN:

1. Zeichnen Sie die Raumbilder im M 1:1 der S. 18.

2. Zeichnen Sie Raumbilder nach technischen Zeichnungen auf den Seiten 19 und 21.

Übung: Zeichnen von Raumbildern nach technischen Zeichnungen, räumliches Vorstellen

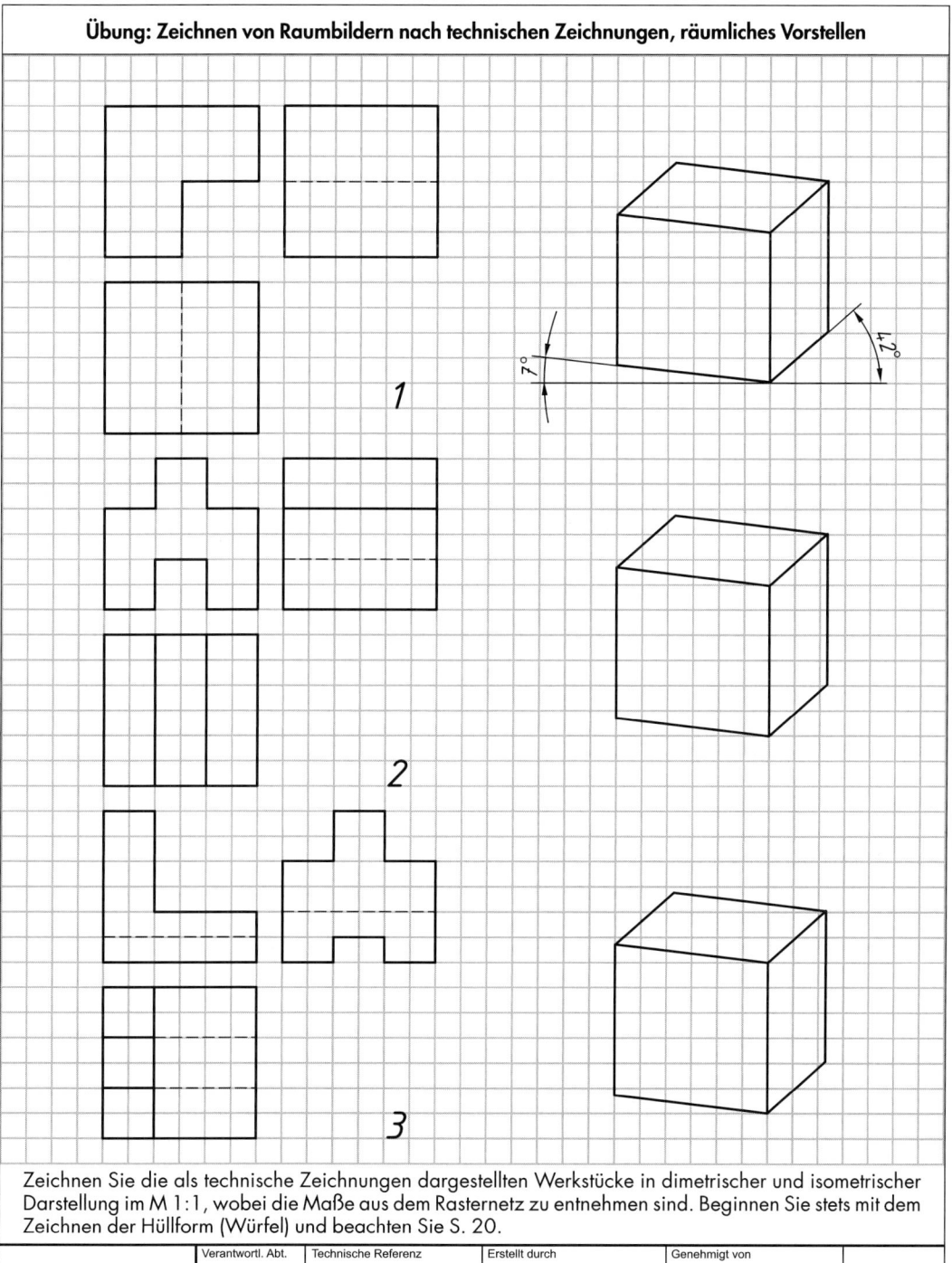

1

2

3

Zeichnen Sie die als technische Zeichnungen dargestellten Werkstücke in dimetrischer und isometrischer Darstellung im M 1:1, wobei die Maße aus dem Rasternetz zu entnehmen sind. Beginnen Sie stets mit dem Zeichnen der Hüllform (Würfel) und beachten Sie S. 20.

	Verantwortl. Abt.	Technische Referenz	Erstellt durch	Genehmigt von		
			Dokumentenart		Dokumentenstatus	
			Titel, Zusätzlicher Titel			
			Zeichnen von			
			Raumbildern	Änd.	Ausgabedatum	Spr.	Blatt

21

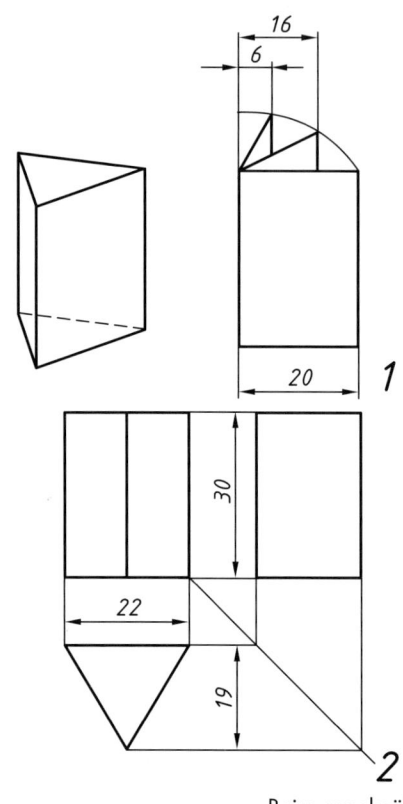

1

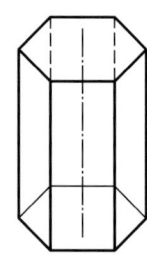
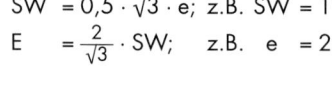

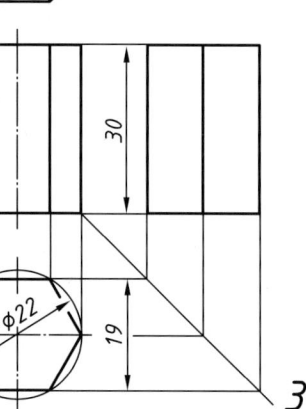

2

Die wahren Längen von Kanten erhält man nur dann, wenn die Blickrichtung senkrecht zur Fläche steht. Je kleiner der Neigungswinkel zwischen Blickrichtung und Fläche wird, um so kleiner erscheint die Fläche, 22.1. Die Bemaßung von Werkstücken mit schrägen Seitenflächen erfolgt nur in der Ansicht, in der die entsprechenden Werkstückkanten in wahrer Größe erscheinen.

Beim Dreikantprisma werden die Höhe und die Querschnittsform bemaßt. Für rechtwinklige, gleichseitige und gleichschenklige dreieckige Grundflächen sind nur zwei Maße, 22.2, und bei allen anderen Dreieckflächen drei Maße erforderlich.

Bei Sechskantprismen wird die Höhe in der Vorderansicht und die Querschnittsform mit Eckenmaß e und Schlüsselweite SW in der Draufsicht bemaßt, 22.3.
Das Zeichen für die Schlüsselweite SW kennzeichnet den Abstand von zwei parallelen gegenüberliegenden Flächen und ist anzuwenden, wenn in der bemaßten Ansicht nur eine dieser Flächen dargestellt ist, Anwendungsbeispiele siehe später bei 52.1 und 52.2.

Bei der Darstellung von Dreikant- und Sechskantprismen zeichnet man zunächst die Ansicht, welche die Querschnittsform erkennen lässt, also die Draufsicht. Die senkrechten Kanten der stehenden Prismen werden aus der Draufsicht in die Vorderansicht übertragen. Für die Höhe der Seitenansicht entnimmt man die Höhe aus der Vorderansicht und die Breite aus der Draufsicht.

Die obere Aussparung am Sechskantprisma 22.4 ergibt Kantenrücksprünge in der A, die aus der B und C durch Projizieren zu ermitteln sind.

Beim regelmäßigen Sechskant lässt sich die Schlüsselweite SW aus dem Eckenmaß e berechnen und umgekehrt:

$$SW = 0,5 \cdot \sqrt{3} \cdot e; \quad z.B. \ SW = 19$$

$$E = \frac{2}{\sqrt{3}} \cdot SW; \quad z.B. \ e = 22$$

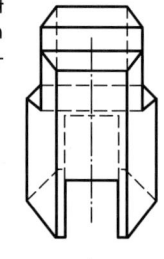

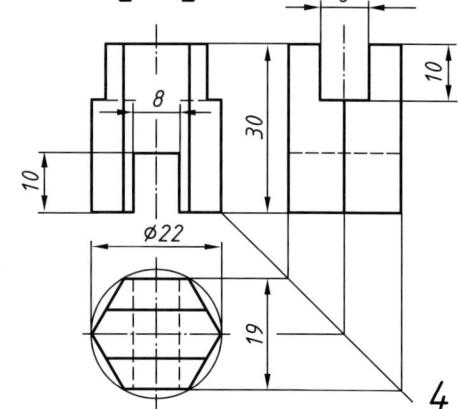

3

4

Übung: Zuordnen von Ansichten prismatischer Werkstücke mit schrägen Flächen, räumliches Vorstellen und Zeichnungslesen

Vorderansicht A	Draufsicht B	Seitenansicht C

1   6   11

2   7   12

3   8   13

4   9   14

5   10   15

A	1	2	3	4	5
B					
C					

1. Ordnen Sie der A die zugehörige B und C zu. Vergleichen Sie dabei die Ansichten mit dem zugehörigen Raumbild.
2. Zeichnen Sie von einigen Teilen jeweils die zugehörige A, B und C als technische Zeichnung.

23

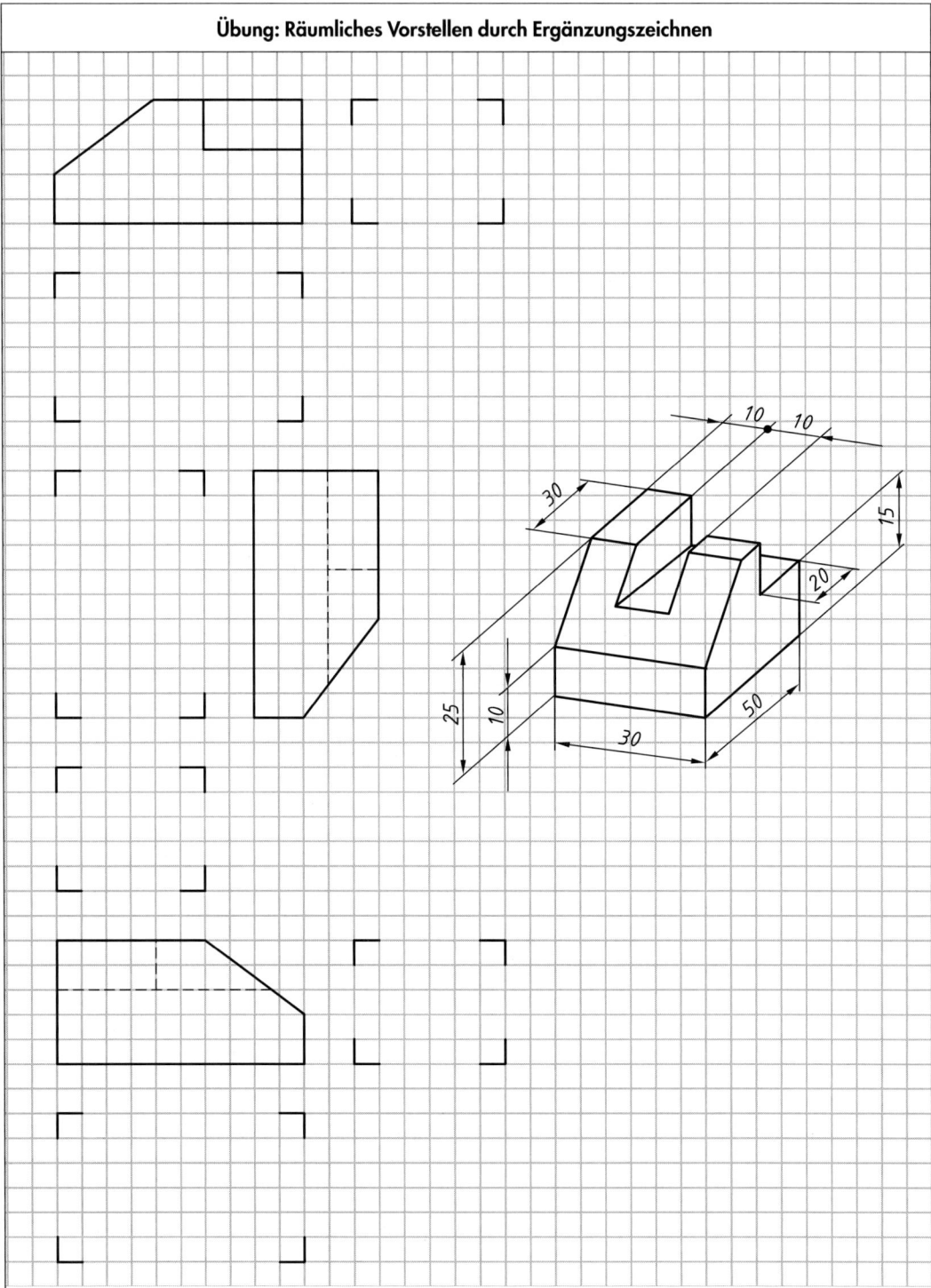

Zeichnen Sie im Maßstab 1:1 auf einem A4-Blatt die gegebenen Ansichten des Werkstückes in verschiedenen Lagen und ergänzen Sie die fehlenden Ansichten ohne Maße.

Übung: Zeichnen von Werkstücken nach Raumbildern

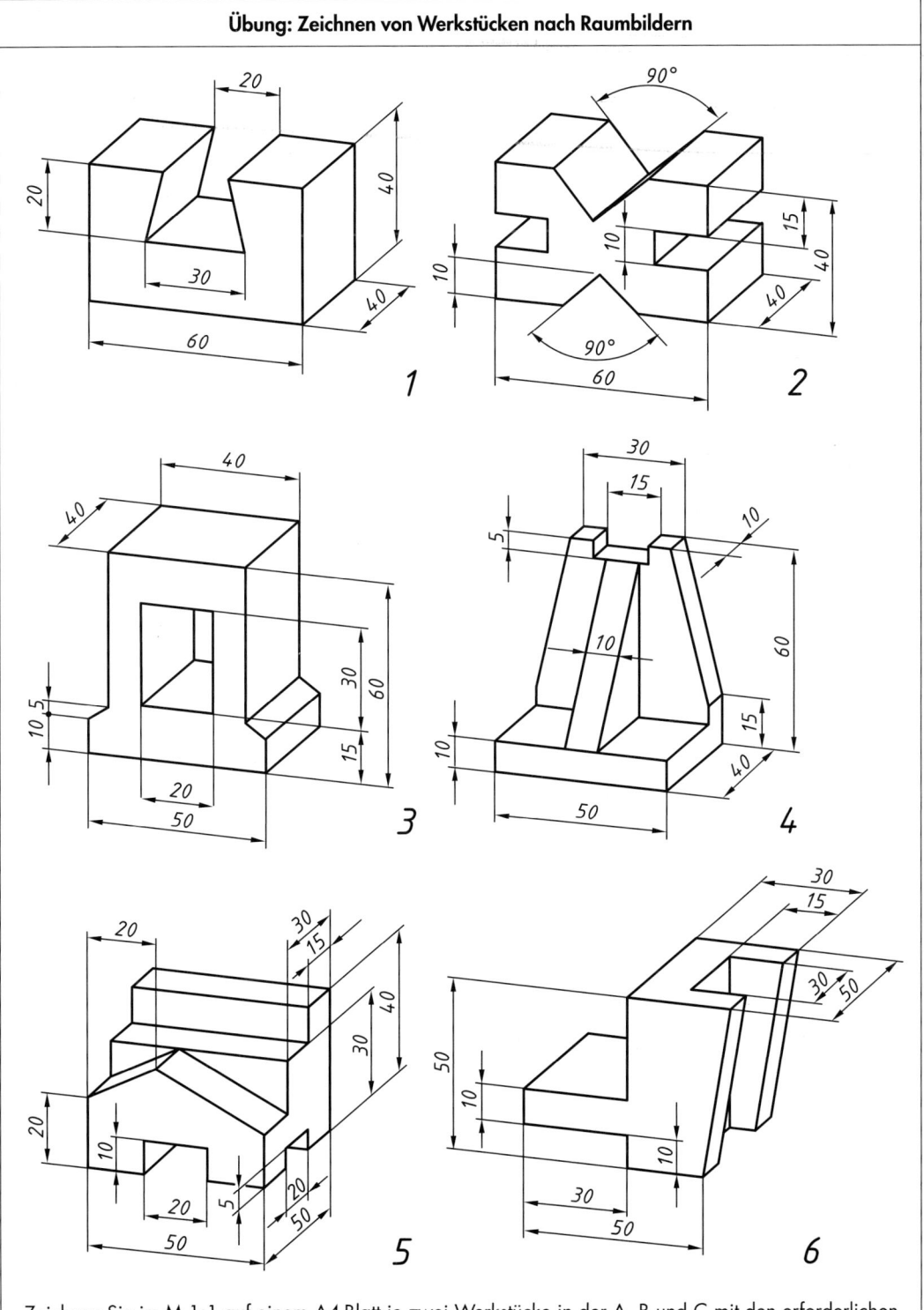

Zeichnen Sie im M 1:1 auf einem A4-Blatt je zwei Werkstücke in der A, B und C mit den erforderlichen Maßen in Zeichenschritten.

1.9 Prismatische Werkstücke mit Abwicklungen

Eine Abwicklung ist die in einer Ebene aufgezeichnete Oberfläche eines Körpers. Aus der Vorderansicht werden die wahren Höhen bzw. Längen und aus der Draufsicht die Breiten und Dicken des Körpers in die Abwicklung übertragen.

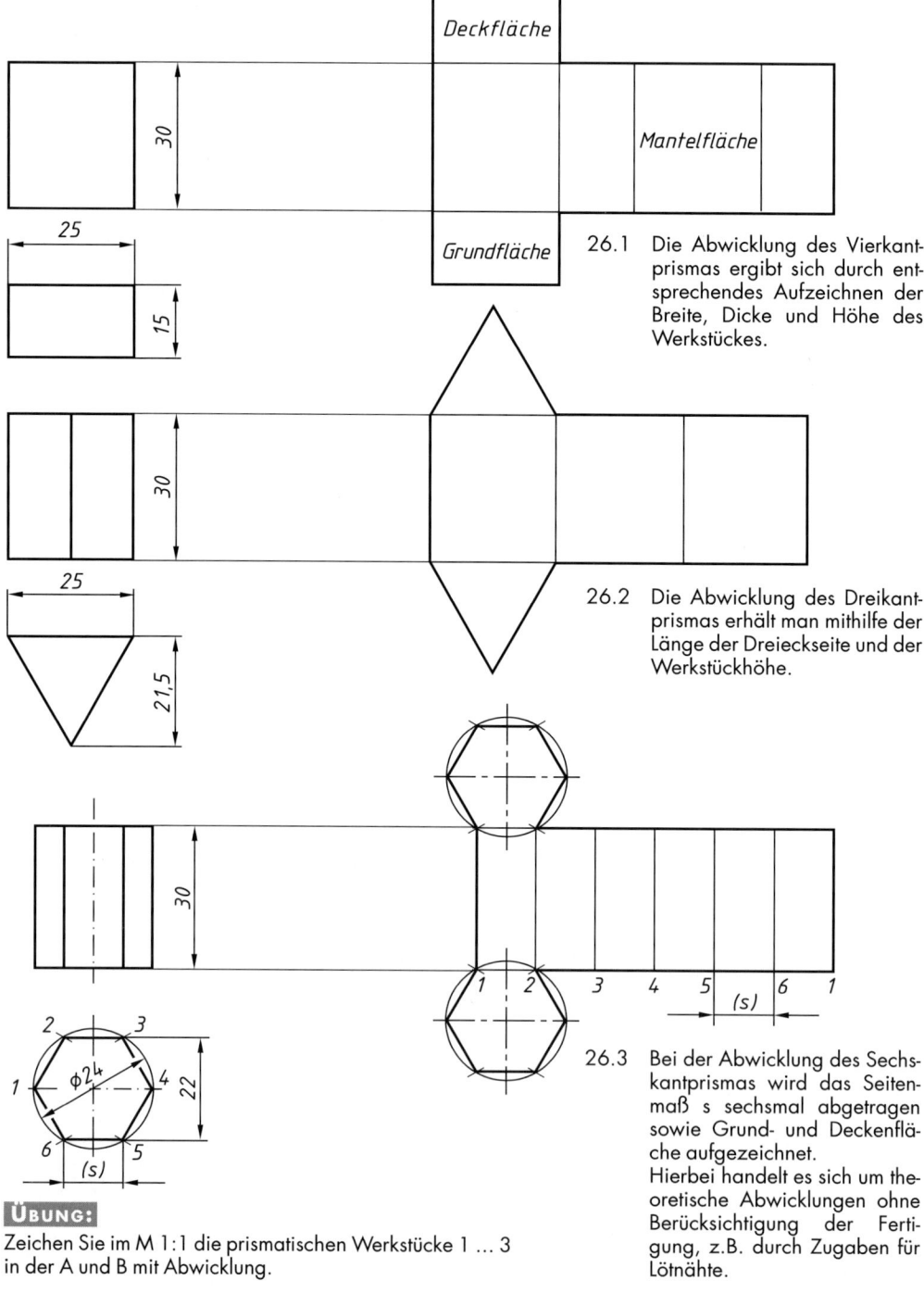

26.1 Die Abwicklung des Vierkantprismas ergibt sich durch entsprechendes Aufzeichnen der Breite, Dicke und Höhe des Werkstückes.

26.2 Die Abwicklung des Dreikantprismas erhält man mithilfe der Länge der Dreieckseite und der Werkstückhöhe.

26.3 Bei der Abwicklung des Sechskantprismas wird das Seitenmaß s sechsmal abgetragen sowie Grund- und Deckenfläche aufgezeichnet.
Hierbei handelt es sich um theoretische Abwicklungen ohne Berücksichtigung der Fertigung, z.B. durch Zugaben für Lötnähte.

ÜBUNG:
Zeichnen Sie im M 1:1 die prismatischen Werkstücke 1 … 3 in der A und B mit Abwicklung.

26

1.10 Schräg geschnittene prismatische Werkstücke mit Abwicklungen

Erscheint die Schnittfläche eines schräg geschnittenen prismatischen Werkstückes in der Vorderansicht als Strecke, so lässt sich die Seitenansicht aus der Vorderansicht durch Projizieren ermitteln. Schnittflächen, die durch Bearbeitung entstehen, sind ohne Schraffur zu zeichnen.

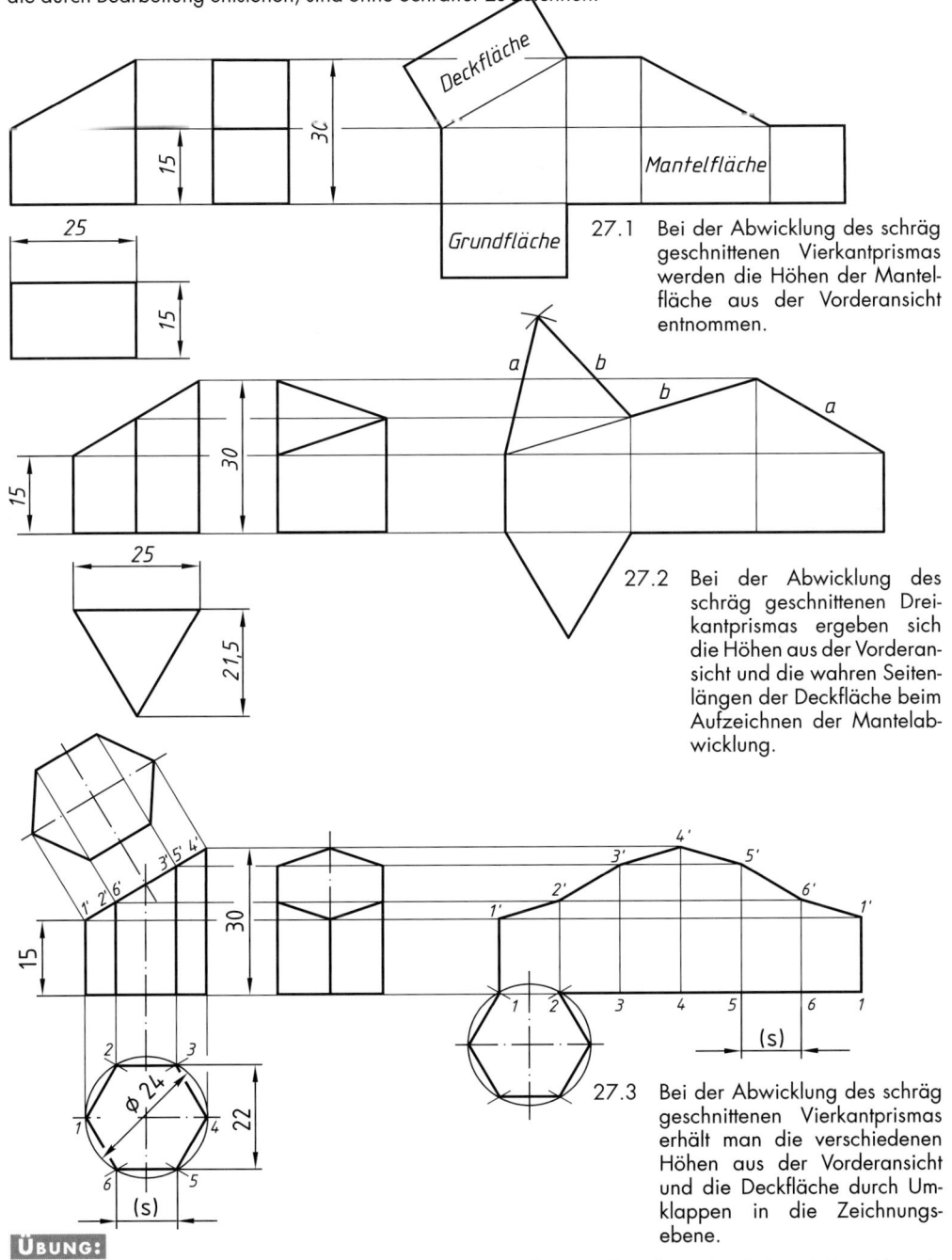

27.1 Bei der Abwicklung des schräg geschnittenen Vierkantprismas werden die Höhen der Mantelfläche aus der Vorderansicht entnommen.

27.2 Bei der Abwicklung des schräg geschnittenen Dreikantprismas ergeben sich die Höhen aus der Vorderansicht und die wahren Seitenlängen der Deckfläche beim Aufzeichnen der Mantelabwicklung.

27.3 Bei der Abwicklung des schräg geschnittenen Vierkantprismas erhält man die verschiedenen Höhen aus der Vorderansicht und die Deckfläche durch Umklappen in die Zeichnungsebene.

ÜBUNG:

Zeichnen Sie im M 1:1 die schräg geschnittenen prismatischen Werkstücke in der A, B und C mit Abwicklung.

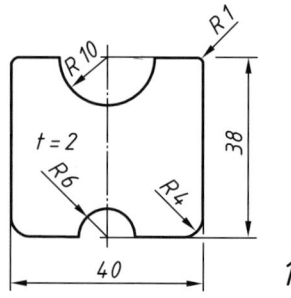

1

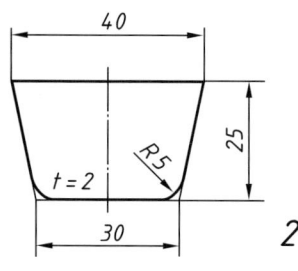

2

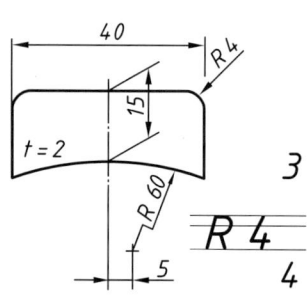

3

4

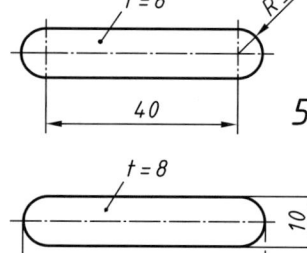

5

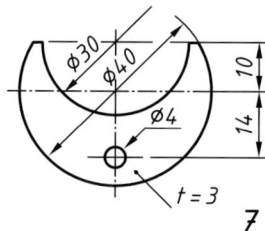

6

Radien bzw. Halbmesser an Werkstücken werden stets durch den vor die Maßzahl zu setzenden Großbuchstaben R gekennzeichnet, 28.1 ... 5.

Der Mittelpunkt des Radius wird nur dann durch ein Mittellinienkreuz festgelegt, wenn seine Lage für die Fertigung oder Funktion benötigt wird, 28.3. Die Maßlinien für Radien erhalten nur eine Maßlinienbegrenzung am Kreisbogen. Dieser Maßpfeil soll bevorzugt von innen und bei Platzmangel von außen an den Kreisbogen gesetzt werden.

Muß bei großen Radien die Lage des Mittelpunktes festgelegt sein, so darf nur bei manuellen Zeichnungen die Maßlinie rechtwinklig abgeknickt und verkürzt gezeichnet werden. Der mit dem Maßpfeil versehene Teil der Maßlinie ist auf den geometrischen Mittelpunkt gerichtet. Die Maßzahl wird hierbei nicht unterstrichen, 28.3.

Sind viele Radien zentral angeordnet, so dürfen sie anstelle im Zentrum an einem kleinen Hilfskreis enden.

Besteht das zu bemaßende Formelement am Werkstück aus einem Halbkreis, der zwei parallele Linien miteinander verbindet,

so muss der Radius bei 28.5 angegeben werden,

kann der Radius bei 28.6 wegen Eindeutigkeit entfallen oder nur als Hilfsmaß in Klammern zusätzlich angegeben werden.

Beim Bemaßen von Radien sind die Rundungshalbmesser nach DIN 250 anzuwenden, wobei die fett gedruckten Werte in der Tabelle zu bevorzugen sind.

Das Ø-Symbol wird zur Kennzeichnung der Kreisform stets vor die Maßzahl gesetzt, 28.8. Dies gilt für die Bemaßung von Formelementen, bei denen die Kreisform zu erkennen ist oder nur als Strecke erscheint, 28.7 und 28.3.

Der Querstrich des Ø-Symbols wird bei der ISO-Normschrift nach DIN EN SO 3098-2 Schriftform B kursiv unter 60° und bei der Schreibform B vertikal unter 75° geschrieben.

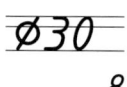

7

8

Radien an Werkstücken sind nach DIN 250 zu wählen.

					0,2			0,3		**0,4**		0,5		**0,6**		0,8	
1		1,2		**1,6**		**2**		2,5		3		**4**		5		**6**		8
10		12		**16**	18	**20**	22	25	28	**32**	36	**40**	45	**50**	56	**63**	70	**80**	90
100	110	125	140	**160**	180	**200**											

28

Übung: Zeichnen und Bemaßen von flachen Werkstücken mit Radien, Bohrungen und Durchbrüchen

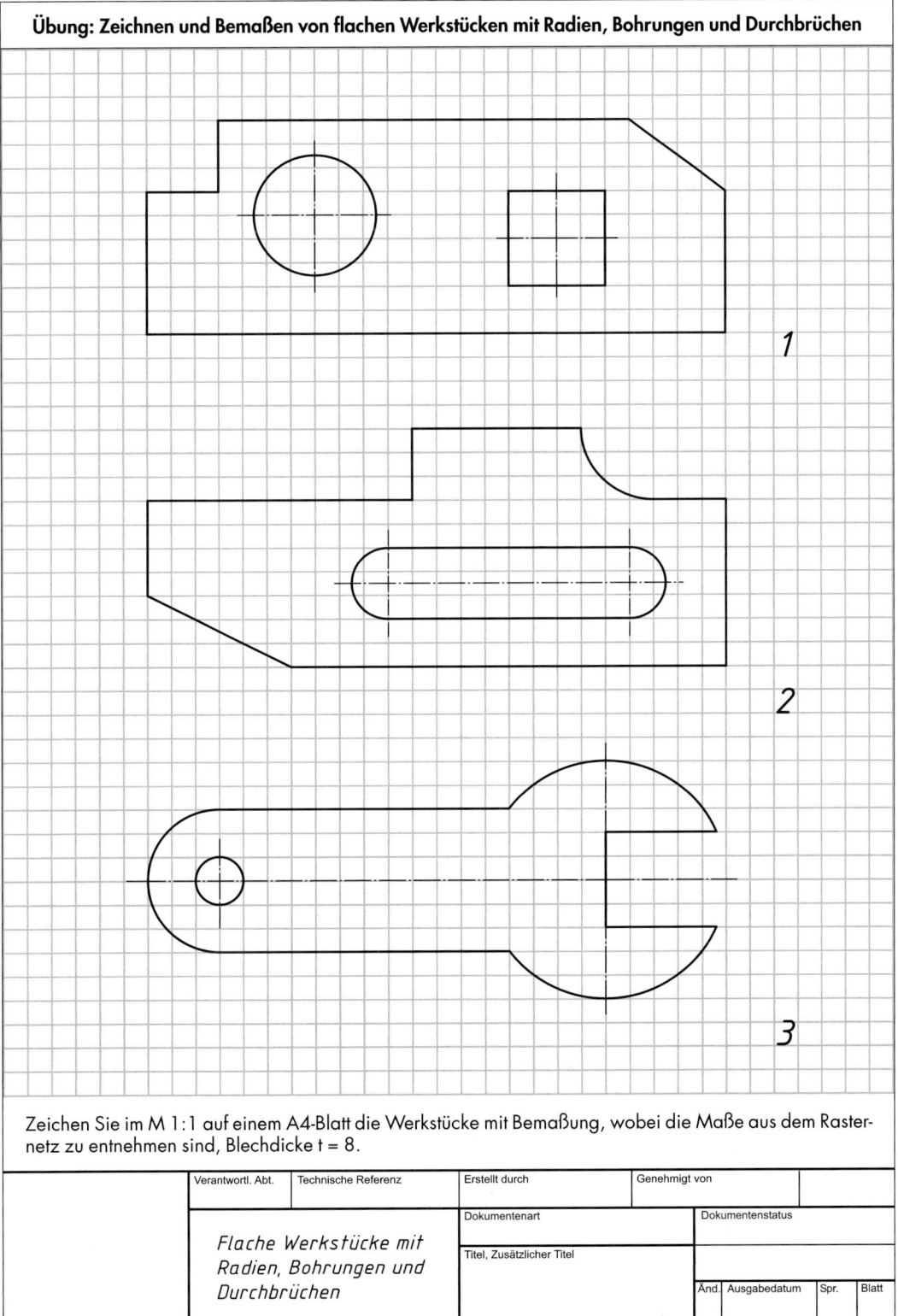

Zeichen Sie im M 1:1 auf einem A4-Blatt die Werkstücke mit Bemaßung, wobei die Maße aus dem Rasternetz zu entnehmen sind, Blechdicke t = 8.

	Verantwortl. Abt.	Technische Referenz	Erstellt durch		Genehmigt von		
			Dokumentenart			Dokumentenstatus	
	Flache Werkstücke mit						
	Radien, Bohrungen und	Titel, Zusätzlicher Titel					
	Durchbrüchen			Änd.	Ausgabedatum	Spr.	Blatt

1.12 Darstellen und Bemaßen von Flanschformen

Flansche dienen zum Verschrauben von Armaturen und Rohrleitungen.
Rundflansche haben eine durch 4 teilbare Anzahl von Schraubenlöchern, die auf einem Lochkreis liegen. Diese sind so anzuordnen, dass sie symmetrisch zu den beiden Hauptachsen liegen, und dass in diese keine Löcher fallen.
Da die Schraubenlöcher gleichmäßig auf dem Lochkreis verteilt sind, unterbleibt die Angabe des Teilungswinkels.

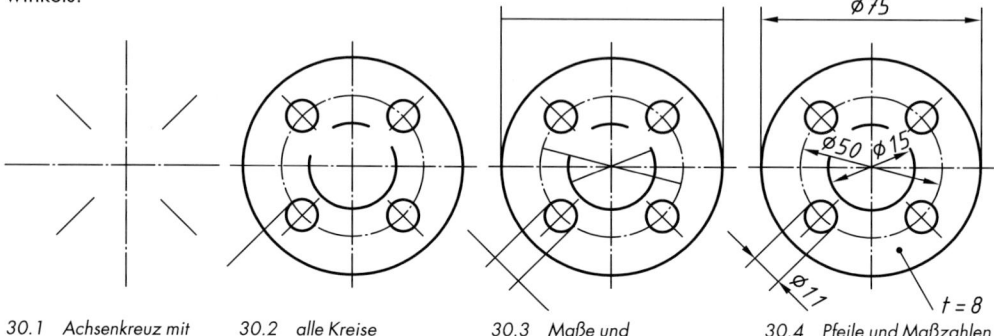

| 30.1 Achsenkreuz mit Mittellinien | 30.2 alle Kreise | 30.3 Maße und Maßhilfslinien | 30.4 Pfeile und Maßzahlen |

Unrunde als Form haben z. B. Flansche von Rohrleitungen und Stopfbuchsen. Sie besitzen zwei Schraubenlöcher. Für Unrunde sind bezüglich ihrer Breite drei Formen festgelegt, und zwar das schmale, mittlere und breite Unrund.

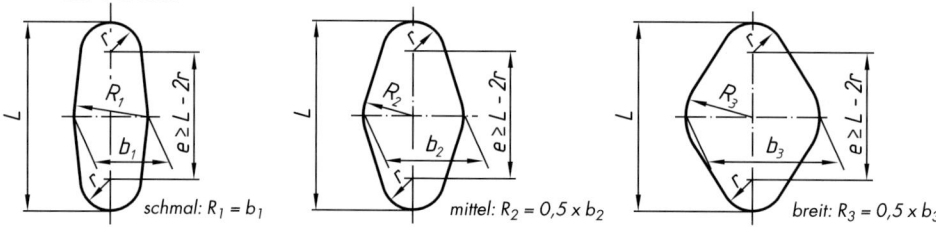

schmal: $R_1 = b_1$ mittel: $R_2 = 0,5 \times b_2$ breit: $R_3 = 0,5 \times b_3$

30.5 Unrunde

Maße in Millimeter

L	45	50	56	64	72	75	80	90	100
R	7	8	9	10	11	12	13	15	16
B1 schmal	20	22	25	29	32	34	36	40	45
B2 mittel	22	25	28	32	36	40	45	50	56
B3 breit	32	36	40	45	50	52	56	64	72

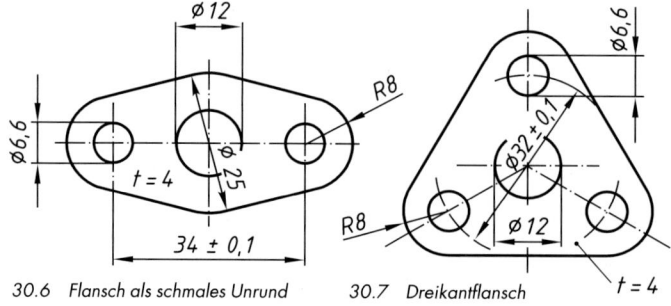

30.6 Flansch als schmales Unrund   30.7 Dreikantflansch   30.8 Vierkantflansch

ÜBUNG: Zeichnen Sie im M 1:1 auf einem A4-Blatt je ein schmales, mittleres und breites Unrund mit einer Länge von 80 mm.

Zeichnen Sie im M 1:1 auf einem A4-Blatt die Werkstücke mit Bemaßung, wobei die Maße aus dem Rasternetz zu entnehmen sind, Blechdicke t = 4.

	Verantwortl. Abt.	Technische Referenz	Erstellt durch		Genehmigt von		
			Dokumentenart			Dokumentenstatus	
	Flache Werkstücke mit Kreisformen und Bohrungen		Titel, Zusätzlicher Titel				
					Änd.	Ausgabedatum	Spr.	Blatt

1.13 Darstellen und Bemaßen zylindrischer Werkstücke

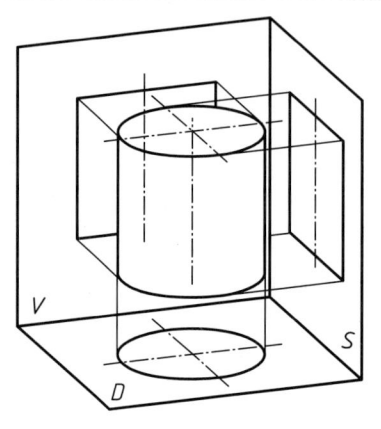

Vollzylinder in der Raumecke

1

Der stehende Vollzylinder 32.2 wird in der Vorderansicht als Rechteck und in der Draufsicht als Kreis gezeichnet.

Als Maße sind das Durchmessermaß z. B. Ø 25 und die Zylinderhöhe, z. B. 30 einzutragen, 32.2.

Die zwei Ansichten genügen, da die Seitenansicht der Vorderansicht gleicht, siehe Raumecke, 32.1. Es genügt sogar nur eine Ansicht, z. B. die Vorderansicht in 32.3.

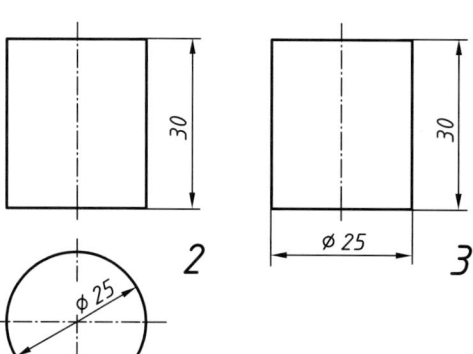

2

3

Vereinfachte Darstellung von Körpern aus geometrischen Formelementen mithilfe von Symbolen.

In einer Ansicht sind dargestellt

in 32.4 mithilfe von zwei Ø-Symbolen ein abgesetzter Bolzen,

in 32.5 mithilfe eines Ø-Symbols und eines □-Symbols in Verbindung mit einer Diagonalen zur Kennzeichnung ebener Flächen ein Zylinder auf einem Prisma mit quadratischer Grundfläche.

In 32.6 entsprechend eine Quadratsäule auf einem Vollzylinder.

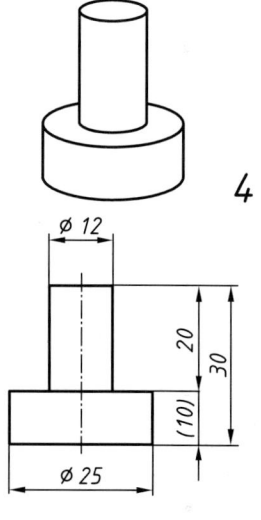

4

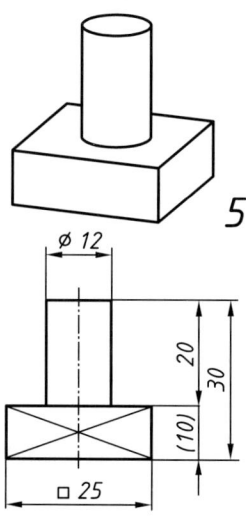

5

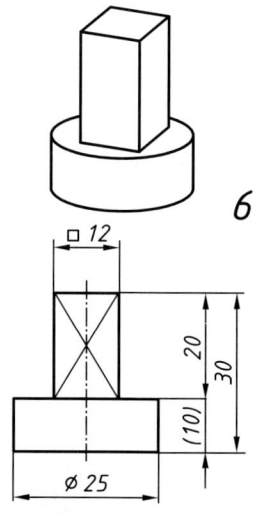

6

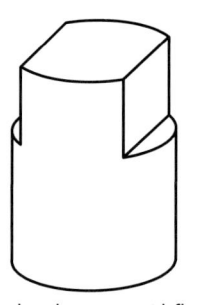

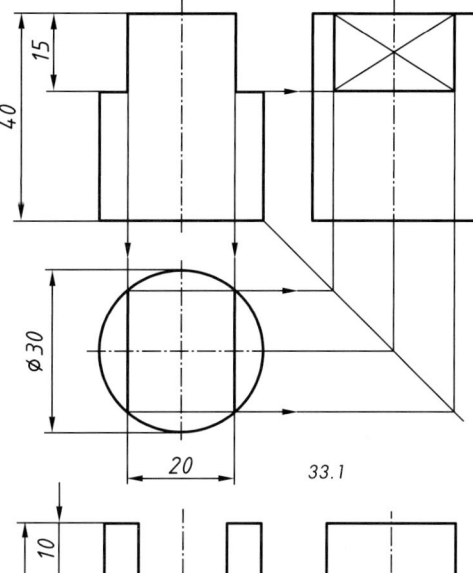

33.1

33.1 zeigt einen Zylinder mit beidseitigen Abflachungen. Diese erscheinen in der Seitenansicht als Rechteck und werden dort durch Projizieren aus der Vorderansicht und Draufsicht konstruiert. Dieses Rechteck wird nicht bemaßt, da es durch die Maße 20 und 15 bereits festgelegt ist.

Das Diagonalkreuz in schmaler Vollinie kennzeichnet eine ebene Fläche am Werkstück.

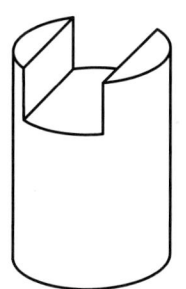

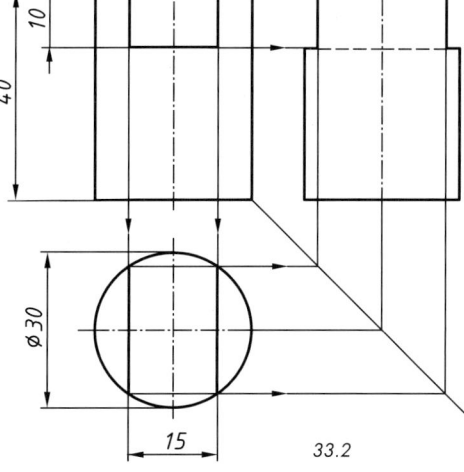

33.2

33.2 zeigt einen Zylinder mit einem mittigen Ausschnitt. Die zurückspringenden Schnittkanten in der Seitenansicht werden durch Projizieren aus der Vorderansicht und Draufsicht konstruiert.

Die Abwicklung eines geraden Zylinders 33.3 besteht aus der Mantelfläche sowie der Grund- und Deckflächen. Für die Mantelabwicklung teilt man den Grundkreis in z. B. zwölf gleiche Teile und trägt diese als Umfang der Zylindermantelabwicklung ab. Der Umfang des Zylinders ergibt sich zu $U = d \times \pi$ = 62,8 mm.

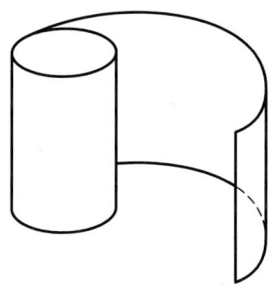

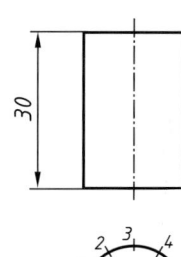

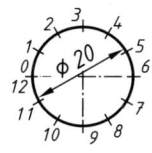

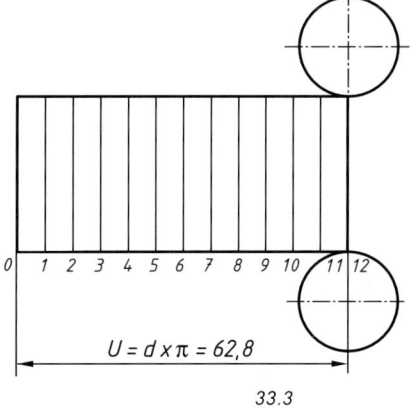

$U = d \times \pi = 62,8$

33.3

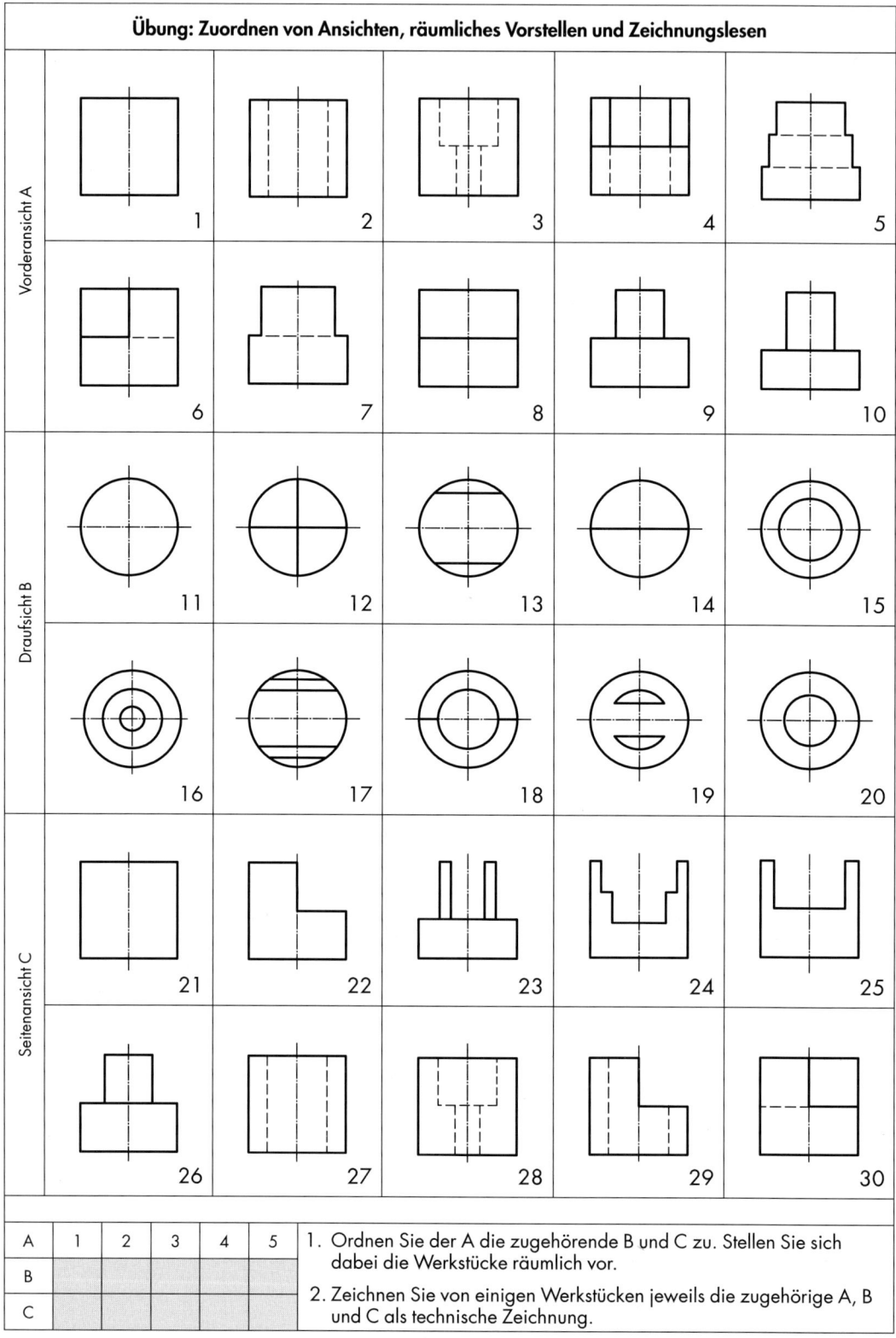

Übung: Zuordnen von Ansichten, räumliches Vorstellen und Zeichnungslesen

Vorderansicht A

1 2 3 4 5

6 7 8 9 10

Draufsicht B

11 12 13 14 15

16 17 18 19 20

Seitenansicht C

21 22 23 24 25

26 27 28 29 30

A	1	2	3	4	5
B					
C					

1. Ordnen Sie der A die zugehörende B und C zu. Stellen Sie sich dabei die Werkstücke räumlich vor.

2. Zeichnen Sie von einigen Werkstücken jeweils die zugehörige A, B und C als technische Zeichnung.

Übung: Räumliches Vorstellen durch Ergänzungszeichnen

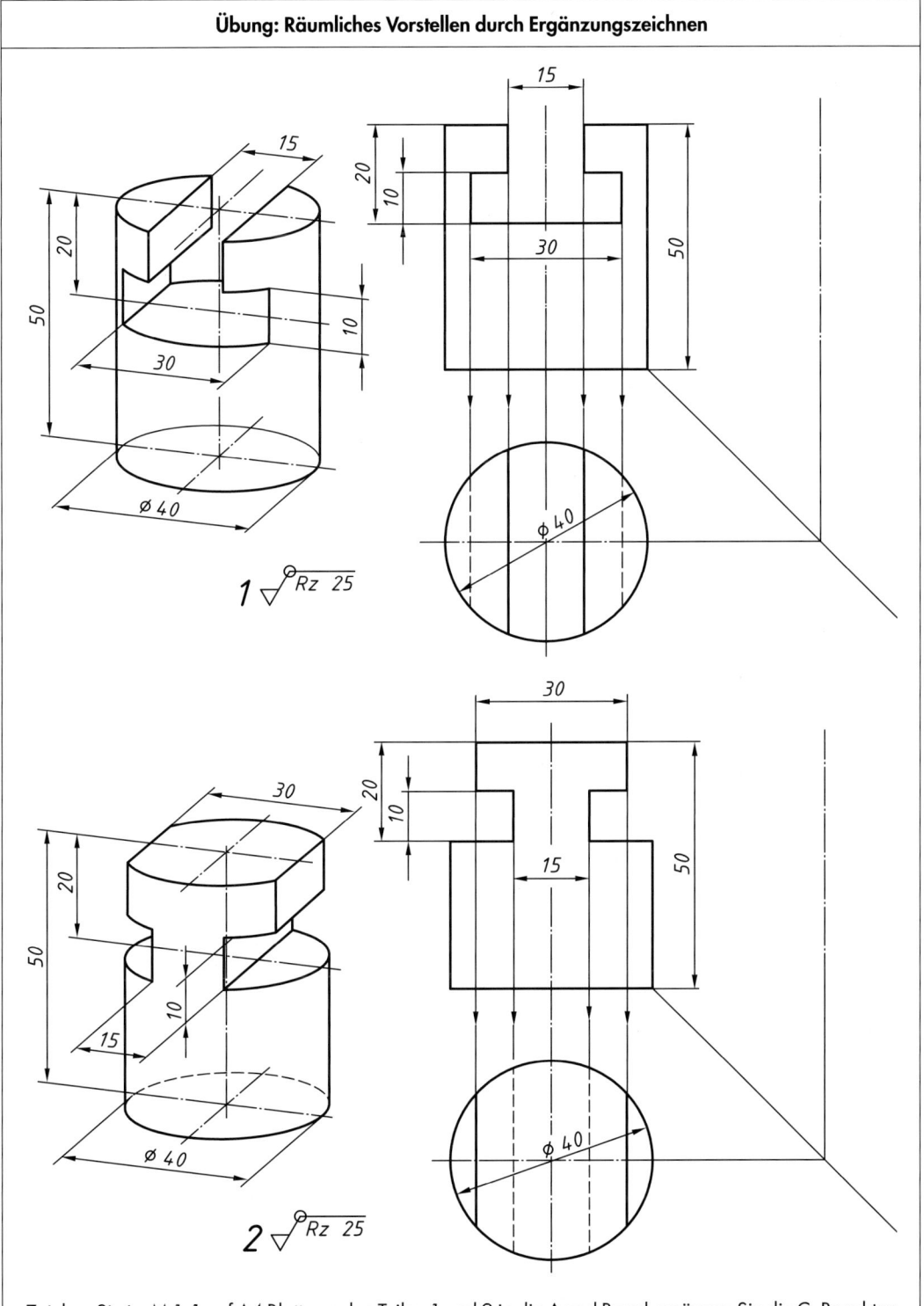

Zeichnen Sie im M 1:1 auf A4-Blatt von den Teilen 1 und 2 je die A und B und ergänzen Sie die C. Beachten Sie dabei die Kantenrücksprünge.

Übung: Zeichnen und Bemaßen zylindrischer Werkstücke mit Parallelschnitten

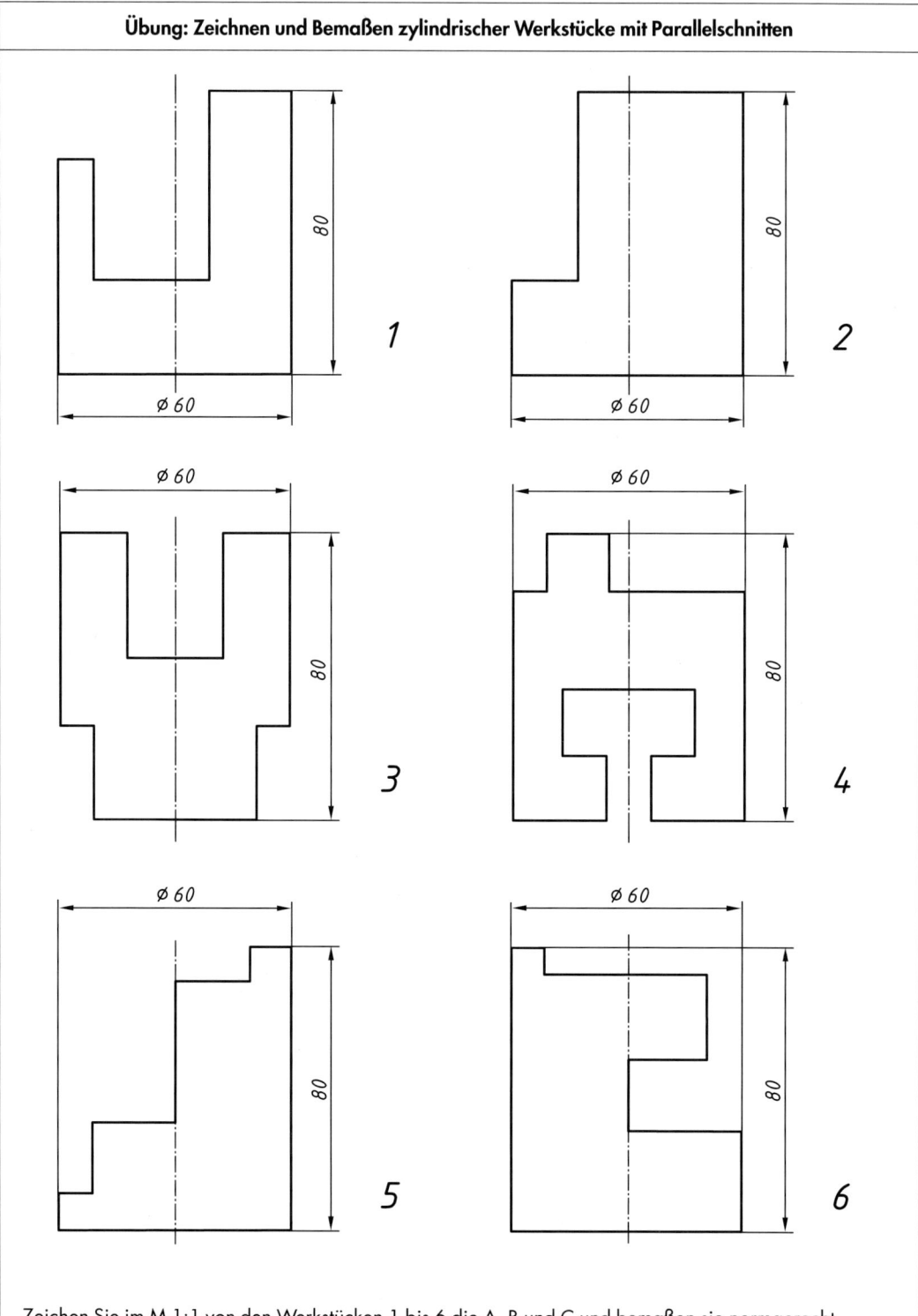

Zeichnen Sie im M 1:1 von den Werkstücken 1 bis 6 die A, B und C und bemaßen sie normgerecht. Fehlende Maße sind frei zu wählen.

Übung: Zeichnen von Werkstücken nach Raumbildern

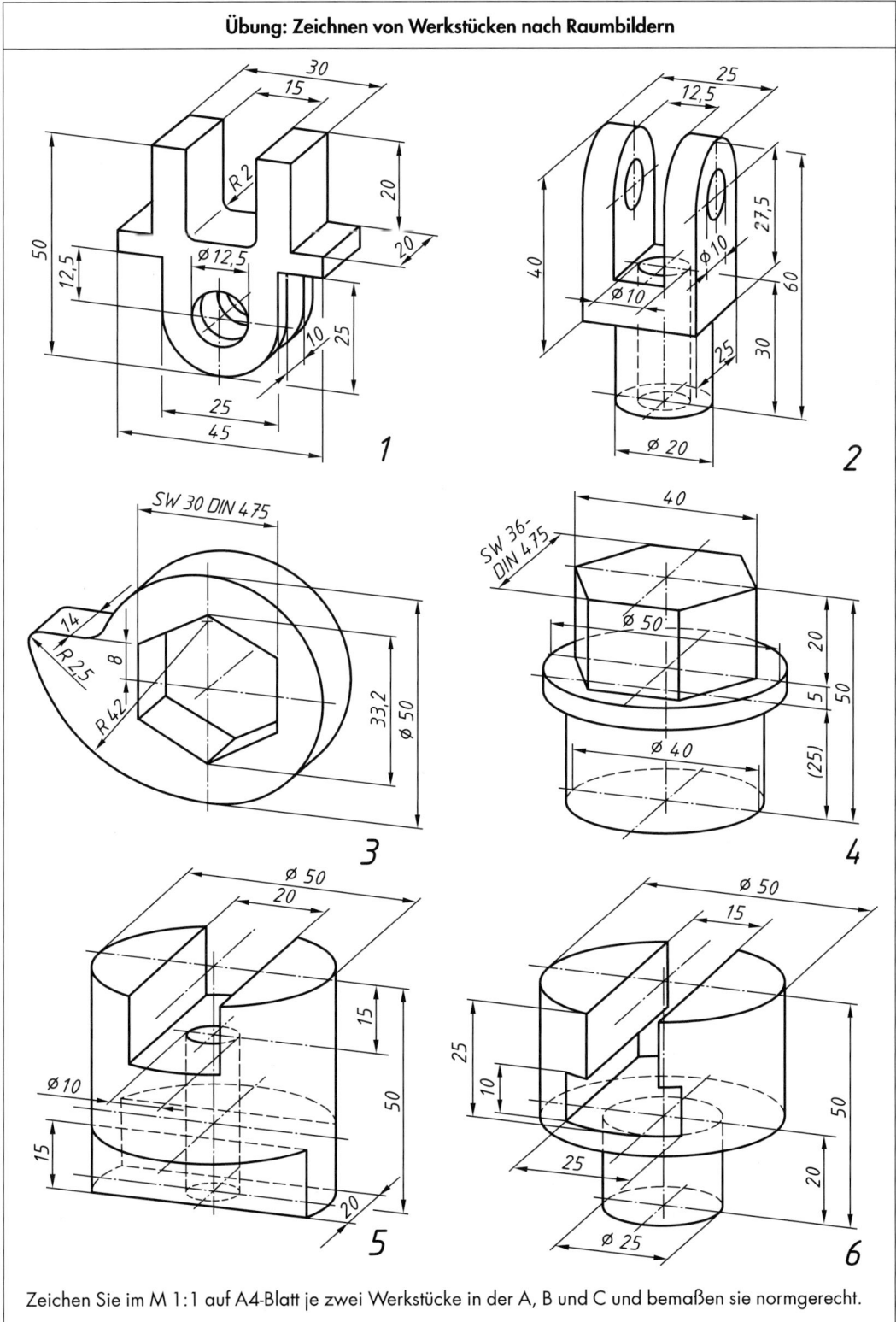

Zeichnen Sie im M 1:1 auf A4-Blatt je zwei Werkstücke in der A, B und C und bemaßen sie normgerecht.

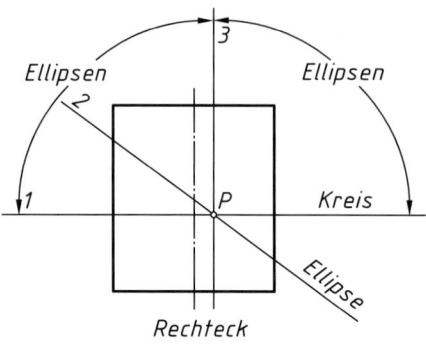

38.1 Lage der Schnittebene am Zylinder

Je nach Lage der Schnittebene am Zylinder ergeben sich:
Kreise (1),
Ellipsen (2) oder
Rechtecke (3).

Konstruktion von Schnittkurven nach dem Hilfsschnittverfahren (Hilfsebenenverfahren)

Wird ein Grundkörper durch Hilfsschnitte bzw. Hilfsebenen geschnitten, so entstehen Hilfsschnittflächen. Ihre Umrisslinien heißen Schnittkurven, und zwar bei kantigen Körpern und ebenen Flächen geradlinige, bei Drehkörpern krummlinige. Die Punkte der Schnittkurve erhält man beim Legen von Hilfsschnitten durch den Körper. Die Kurvenpunkte der Schnittfläche liegen dort, wo sich die Umrisslinien der Körperschnittfläche mit der Hilfsschnittfläche schneiden.

Bei der Konstruktion der Körperschnittkurve legt man die Hilfsschnitte in die Ansicht, in der die Schnittfläche als Strecke erscheint. Die Punkte für die zu zeichnende Schnittkurve werden durch Projizieren in die beiden anderen Ansichten gefunden.

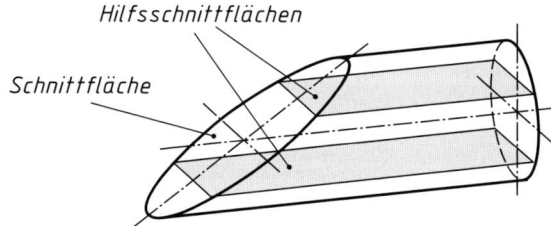

38.2 Schräg geschnittener Zylinder mit Hilfsschnittflächen

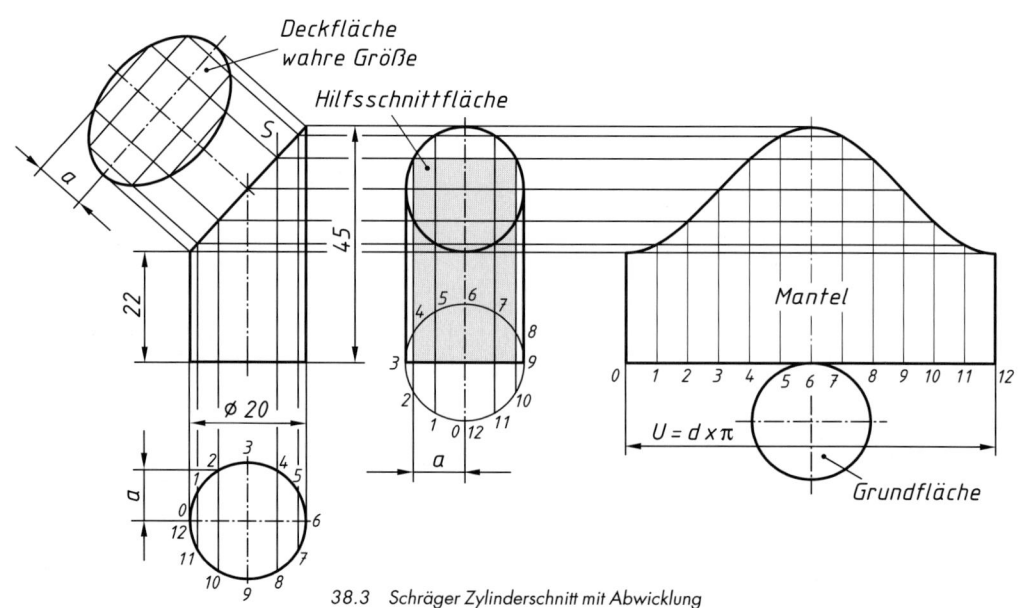

38.3 Schräger Zylinderschnitt mit Abwicklung

Übung: Zeichnen und Bemaßen von Zylinderschnitten und Abwicklungen

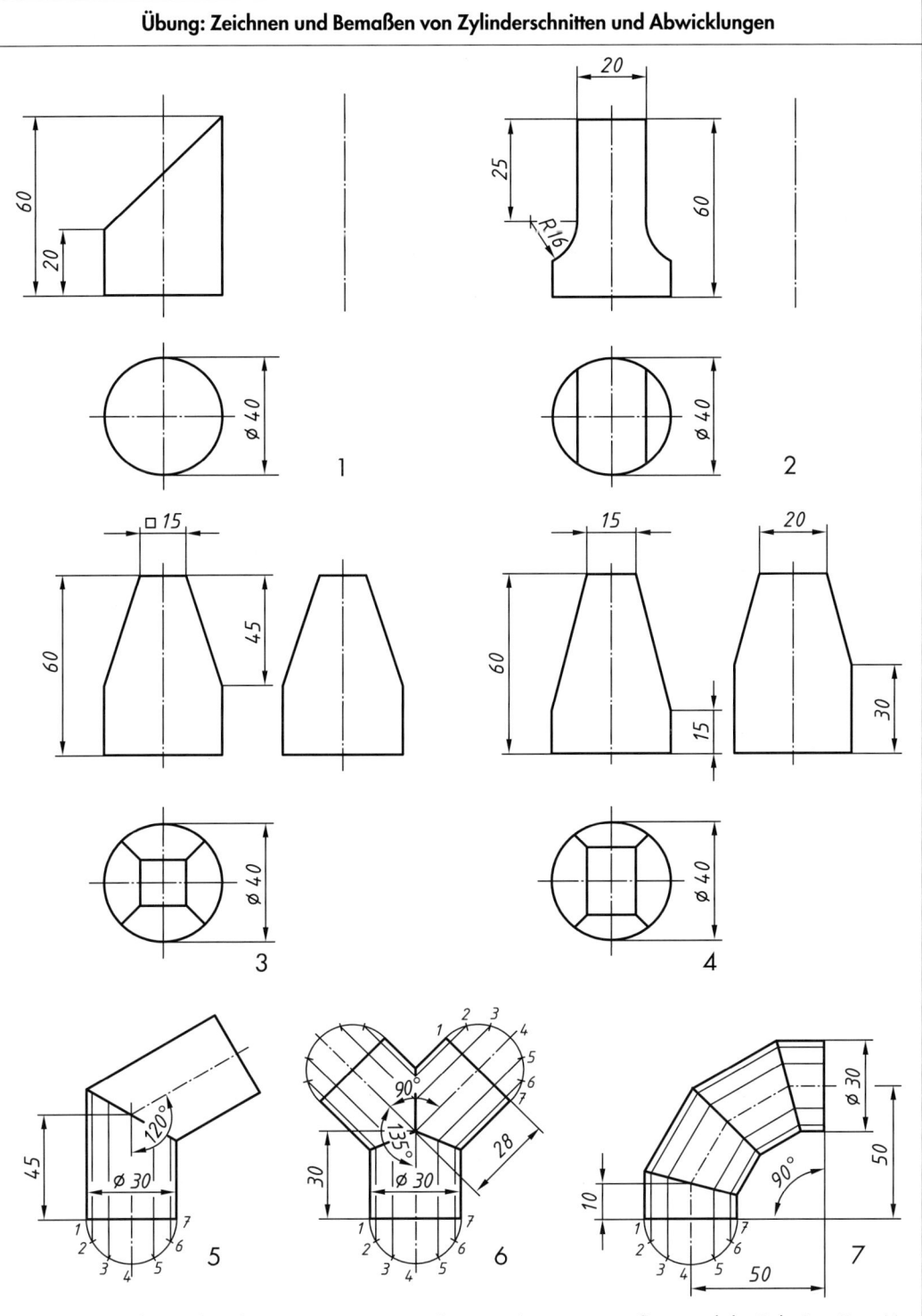

1
2
3
4
5
6
7

Zeichnen Sie die Werkstücke 1 ... 4 im M 1:1 in drei Ansichten mit Bemaßung und die Teile 5 ... 7 im M 1:1 in der A mit Bemaßung und der Abwicklung.

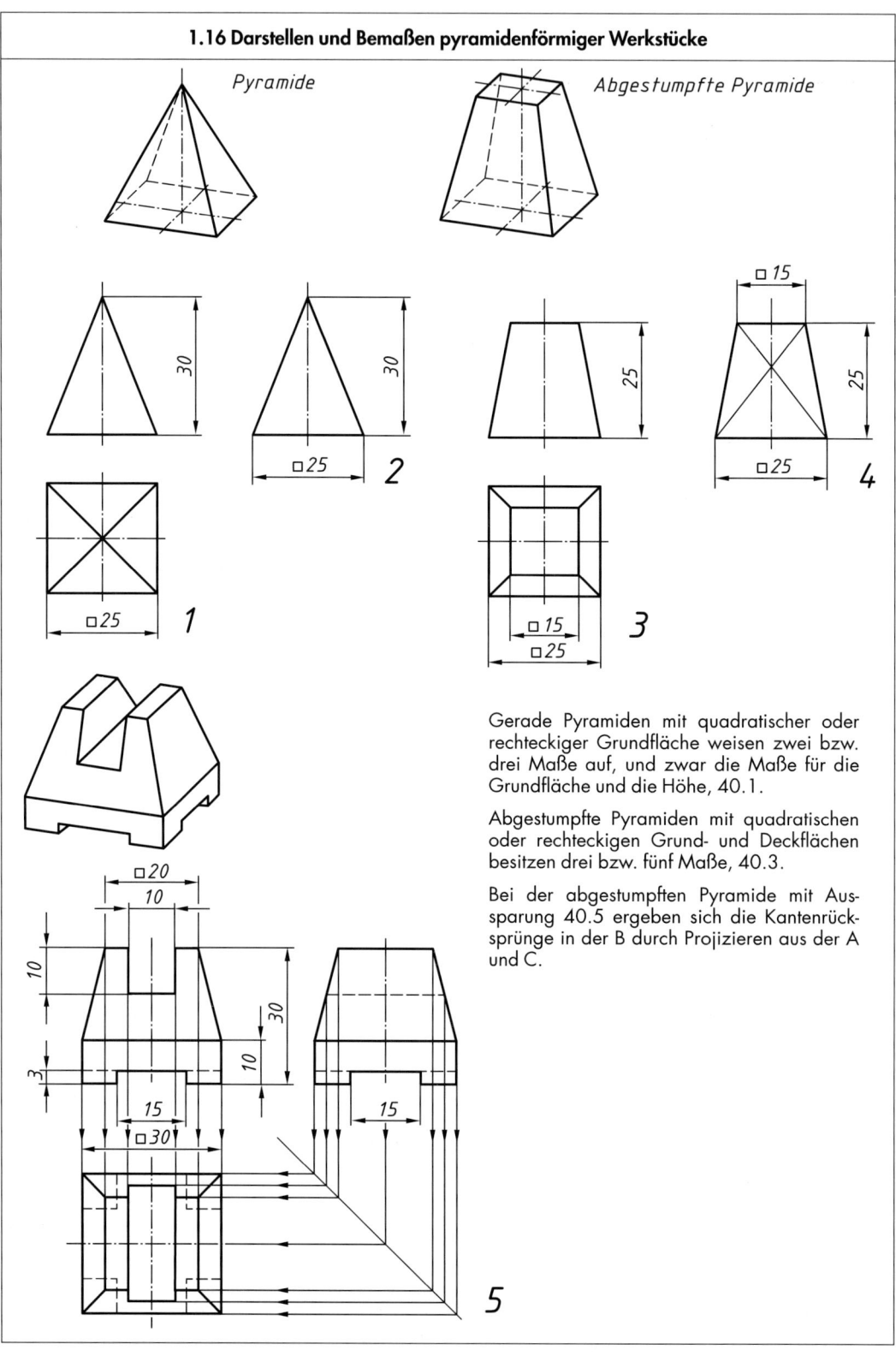

Pyramide

Abgestumpfte Pyramide

Gerade Pyramiden mit quadratischer oder rechteckiger Grundfläche weisen zwei bzw. drei Maße auf, und zwar die Maße für die Grundfläche und die Höhe, 40.1.

Abgestumpfte Pyramiden mit quadratischen oder rechteckigen Grund- und Deckflächen besitzen drei bzw. fünf Maße, 40.3.

Bei der abgestumpften Pyramide mit Aussparung 40.5 ergeben sich die Kantenrücksprünge in der B durch Projizieren aus der A und C.

Übung: Zuordnen von Ansichten, räumliches Vorstellen und Zeichnungslesen

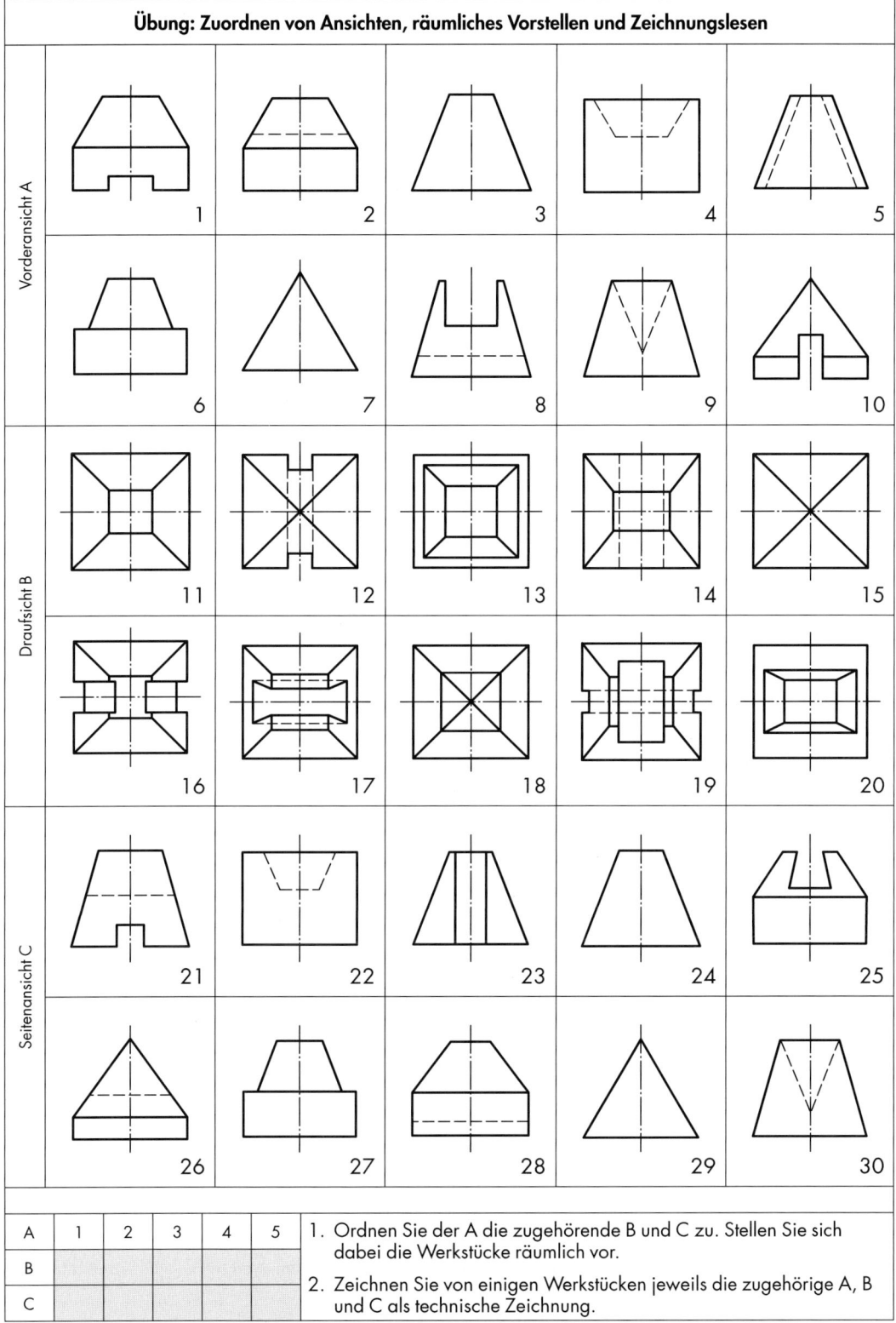

A	1	2	3	4	5
B					
C					

1. Ordnen Sie der A die zugehörende B und C zu. Stellen Sie sich dabei die Werkstücke räumlich vor.

2. Zeichnen Sie von einigen Werkstücken jeweils die zugehörige A, B und C als technische Zeichnung.

41

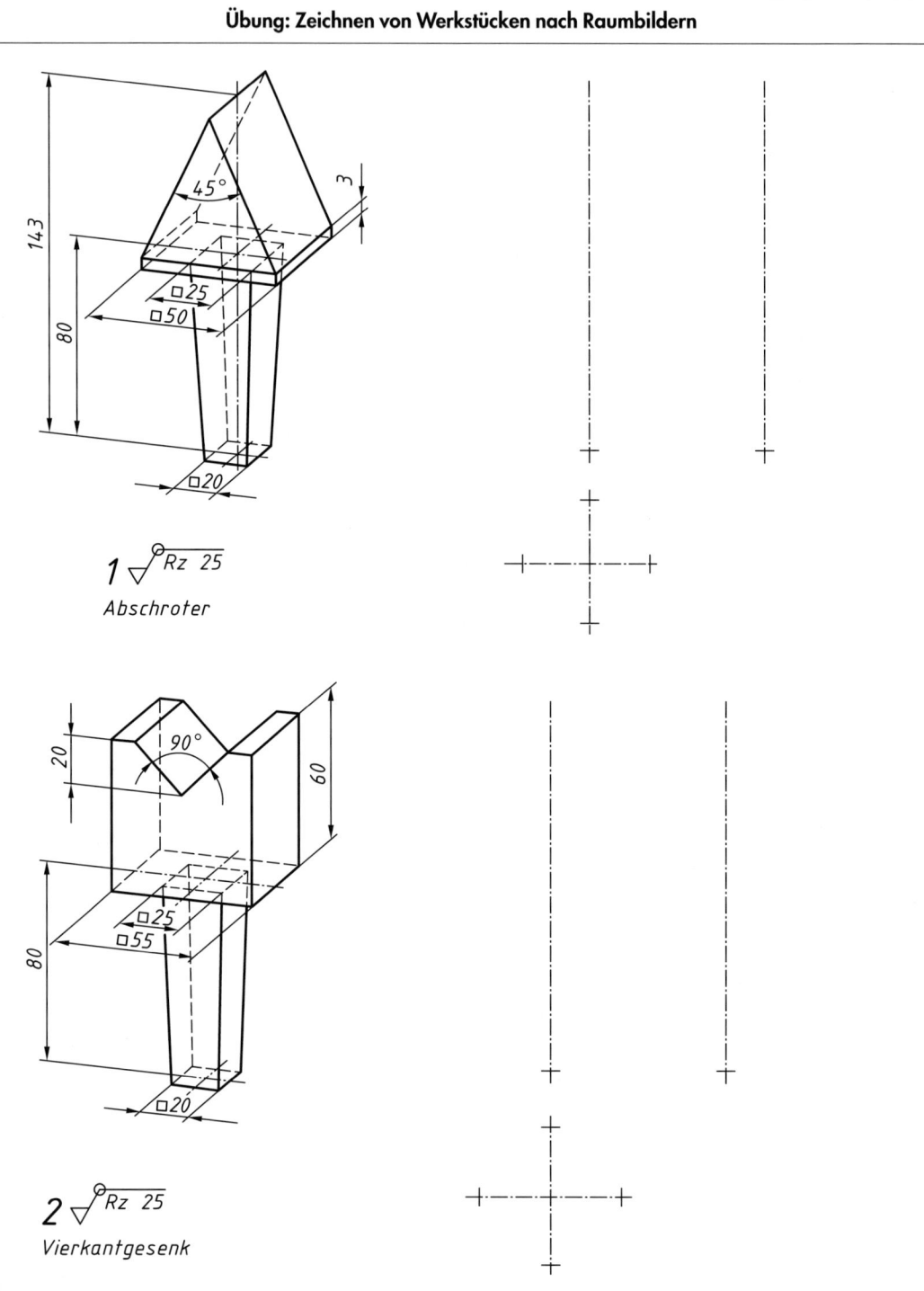

143

80

45°

3

□25
□50

□20

1 ⌒Rz 25

Abschroter

20

90°

60

80

□25
□55

□20

2 ⌒Rz 25

Vierkantgesenk

Zeichnen Sie im M 1:2 auf einem A4-Blatt die beiden pyramidenförmigen Werkstücke nach Raumbildern in der A, B und C mit Maßen und Oberflächenangaben.

Übung: Räumliches Vorstellen durch Ergänzungszeichnen

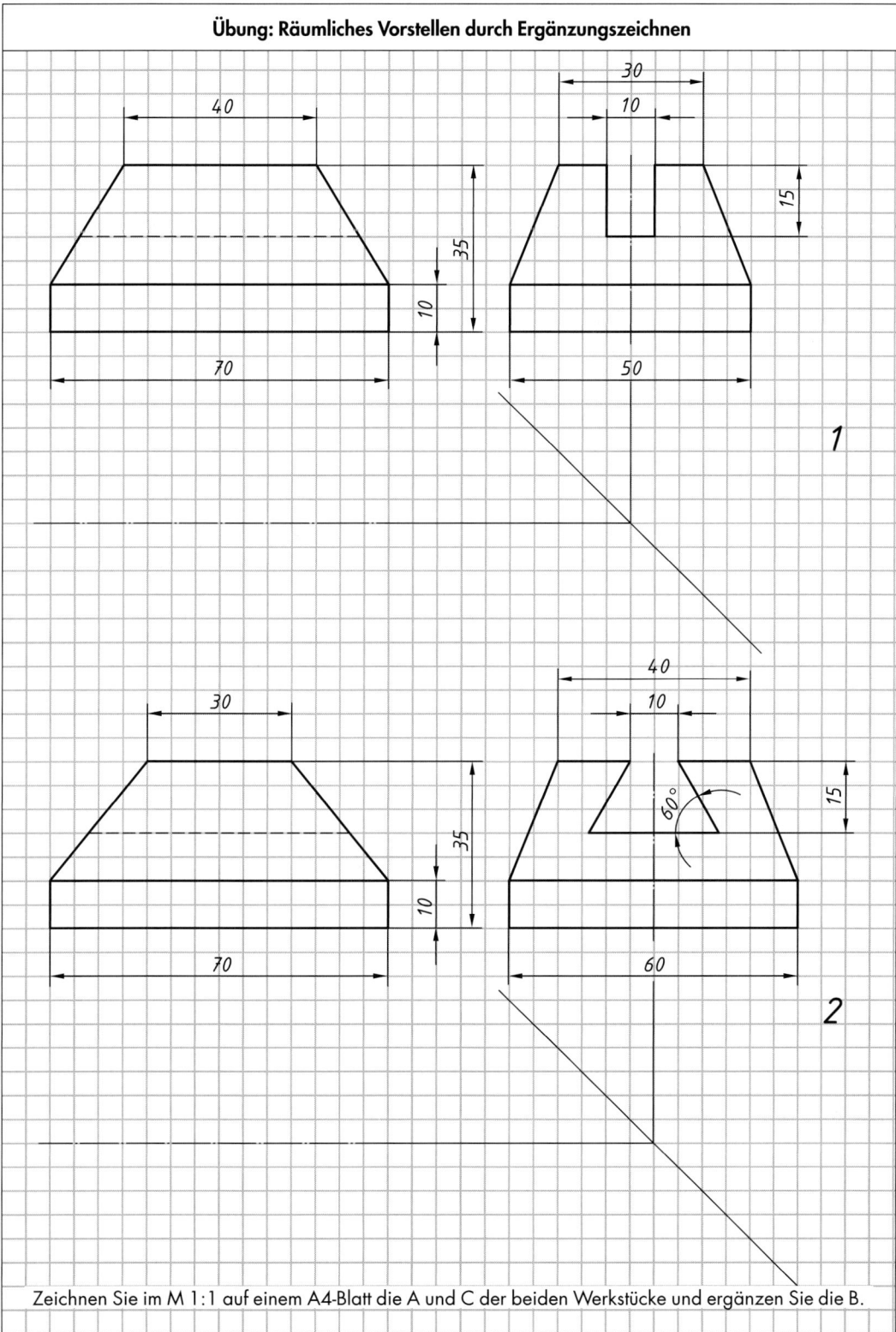

Zeichnen Sie im M 1:1 auf einem A4-Blatt die A und C der beiden Werkstücke und ergänzen Sie die B.

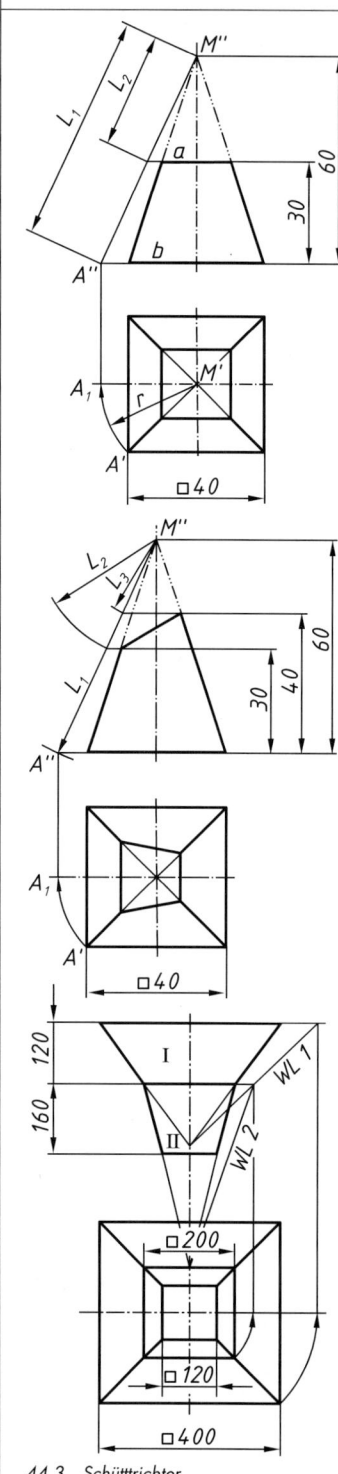

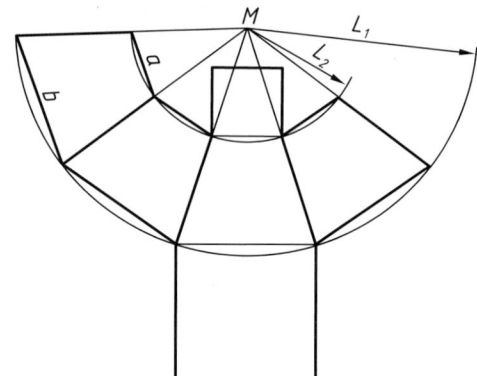

44.1   Gerade geschnittene Pyramide mit Abwicklung

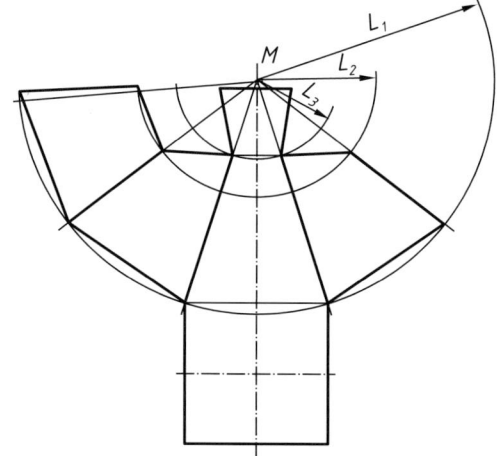

44.2   Schräg geschnittene Pyramide mit Abwicklung

Die Seitenkanten pyramidenförmiger Werkstücke erscheinen in keiner Ansicht in wahrer Länge, sondern verkürzt, z. B. 44.1.

Daher müssen für die Abwicklung die wahren Längen der Seitenkanten durch Drehen der Seitenkante A'M' in der Draufsicht in die waagerechte Lage A"M" bestimmt werden. In der Vorderansicht ergeben die Verbindungen A"M" die wahren Kantenlängen L1 und L2.

Bei der Konstruktion der Abwicklung in 44.1 sind auf den Kreisbögen mit L1 und L2 als Radien die entsprechenden Kantenlängen a und b jeweils viermal abzutragen und die Teilpunkte miteinander und mit dem Punkt M zu verbinden sowie Grund- und Deckfläche in die Abwicklung einzuzeichnen.

Übung:

Zeichnen Sie den Schütttrichter 44.3 im M 1:10 in der A und B mit Bemaßung und die Abwicklung der Teile I und II, die durch Schweißen zu verbinden sind.

44.3   Schütttrichter

Übung: Abwicklung einer Entlüftungshaube

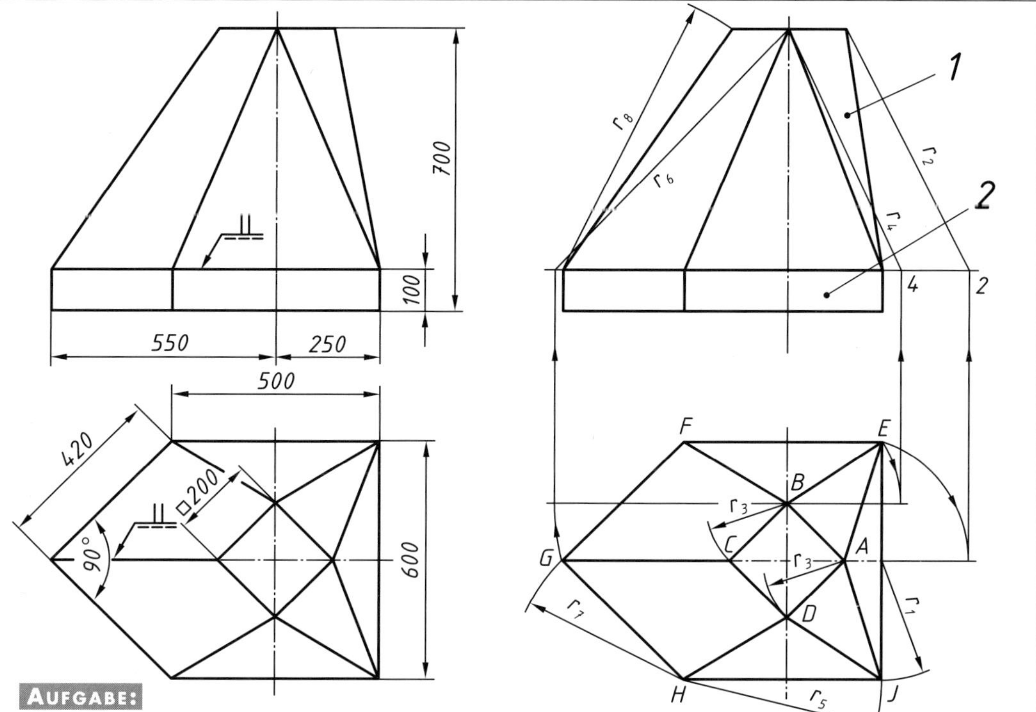

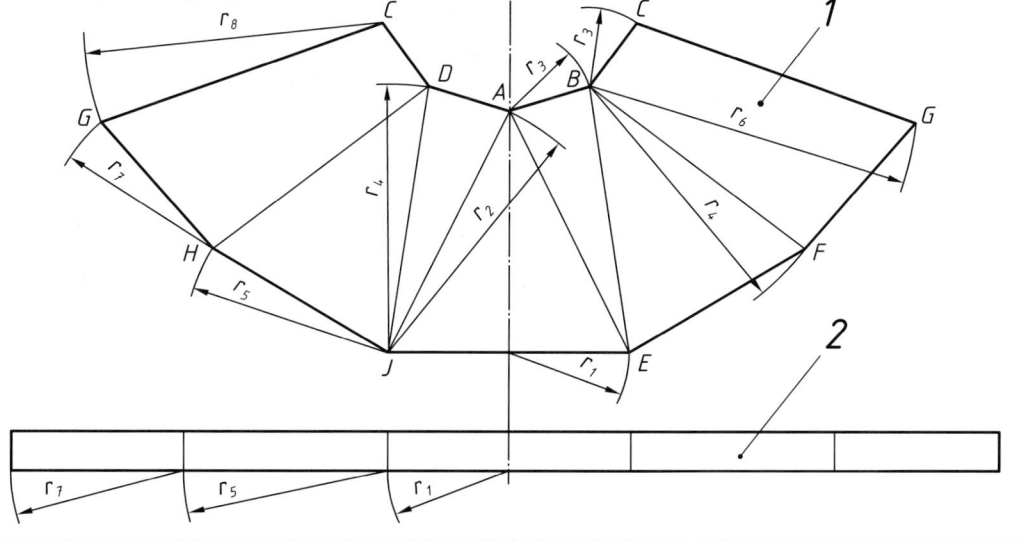

AUFGABE:

Zeichnen Sie im M 1:10 die Entlüftungshaube in der A und B sowie
die Abwicklung. Die Konstruktion ist deutlich zu kennzeichnen. Die Blechdicke bleibt unberücksichtigt.

Lösungsfolge

1. Erkennen der Gesamtkörperform aus dem Unterteil 2 (= Rechteckbleche) und dem Oberteil 1 (= fünf Dreiecksflächen und zwei angenäherte Trapezflächen). Die schräg liegenden Körperkanten erscheinen in beiden Ansichten verkürzt.
2. Ermitteln der wahren Längen der verkürzt erscheinenden Körperkanten aus der B und Projektion in die A.
3. Aufzeichnen der Abwicklung des Oberteils 1 sowie des Unterteils 2, ausgehend von der Mittellinie mit den Radien r1 ... r8.

45

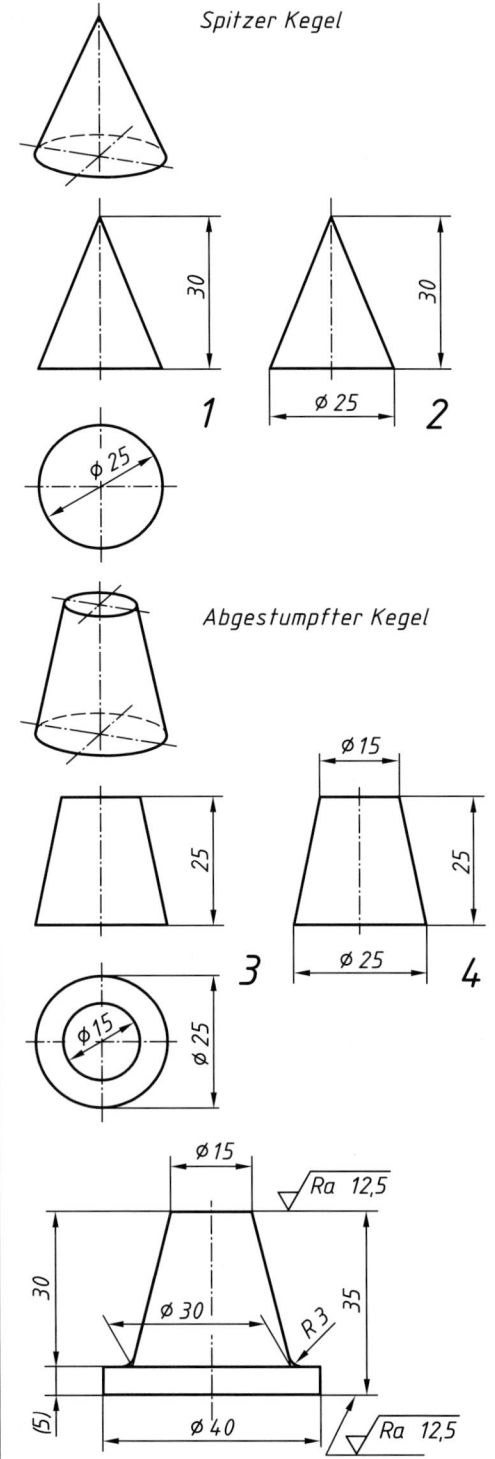

Spitzer Kegel

1

2

Ø 25

Ø 25

30

30

Der spitze gerade Kegel kann dargestellt werden in der Vorderansicht als Dreieck und in der Draufsicht als Kreis. Er besitzt zwei Maße, und zwar den Durchmesser der Grundfläche und die Kegelhöhe, 46.1.

Die vereinfachte Darstellung nur in der Vorderansicht zeigt 46.2.

Abgestumpfter Kegel

3

4

Ø 15

Ø 25

Ø 15

25

25

Ø 25

Der abgestumpfte gerade Kegel kann dargestellt werden in der Vorderansicht als Trapez und in der Draufsicht als zwei konzentrische Kreise. Dieser besitzt drei Maße, und zwar die Durchmesser der Grund- und Deckfläche sowie die Höhe des Kegelstumpfes, 46.3.

Die vereinfachte Darstellung nur in der Vorderansicht zeigt 46.4.

An spitzen kegeligen Werkstücken kann anstelle der Kegelhöhe auch der Kegelwinkel angegeben werden.

Nur bei genauen Kegeln, die eine Funktion zu erfüllen haben, z. B. Werkzeugkegel, ist zusätzlich die Kegelverjüngung mit vorangestelltem Kegelsymbol anzugeben.

Ein Werkstück besteht aus einem abgestumpften Kegel mit der oberen Deckfläche Ø 50, der Höhe 40. Das Werkstück hat mit der Mittelachse zusammenfallend einen Durchbruch von □ 20.

Zeichnen Sie das Werkstück mit der A, B und C mit den erforderlichen Maßen.

Ø 15

Ra 12,5

30

35

Ø 30

R 3

(5)

Ø 40

Ra 12,5

5 ∀ (√ Ra 12,5)

1.19 Schnitt an kegeligen Werkstücken mit Abwicklungen

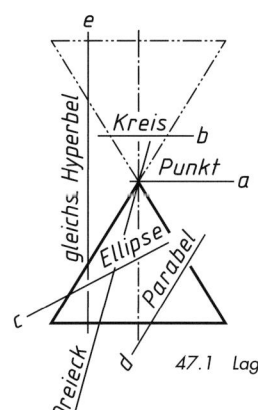

Je nach Lage der Schnittebene an einem Kegel entstehen die folgenden Kegelschnitte:

a) Schnitt rechtwinklig zur Achse durch die Kegelspitze: Punkt
b) Senkrecht zur Achse in beliebiger Höhe: Kreis
c) Schräg zur Achse: Ellipse
d) Parallel zur einer Mantellinie: Parabel
e) Parallel oder schiefwinklig
zur Hauptachse durch beide Kegel: Hyperbel
f) Durch die Kegelspitze: Dreieck

47.1   Lage der Schnittebene am Kegel

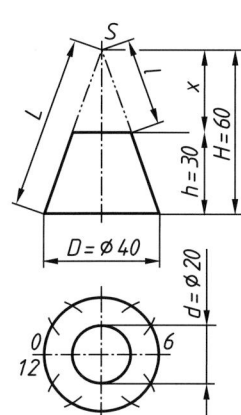

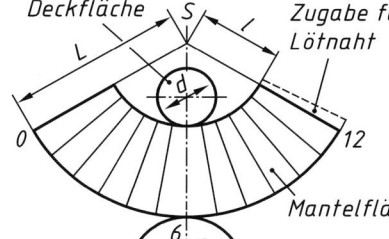

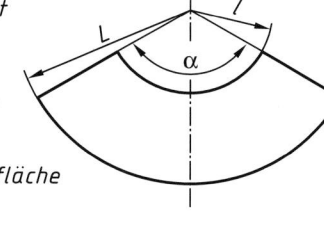

47.2   Abgestumpfter Kegel mit Abwicklung

$$d = \frac{D}{L} \cdot 180°$$

$$L = \sqrt{\left(\frac{D}{2}\right)^2 \cdot H^2}$$

$$L = \sqrt{\left(\frac{d}{2}\right)^2 + x^2}$$

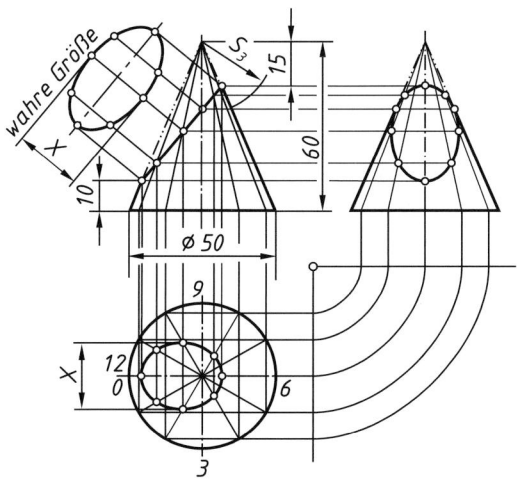

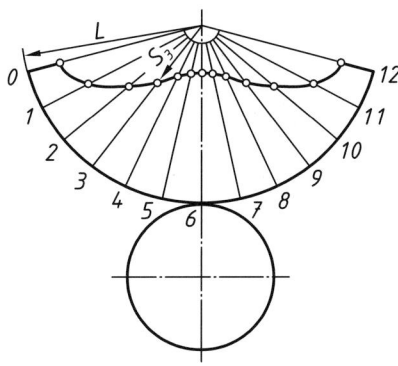

47.3   Kegel mit Ellipsenschnitt und Abwicklung

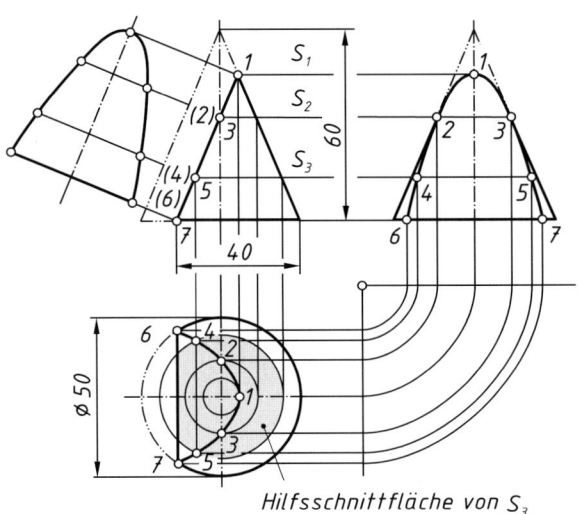

Hilfsschnittfläche von S_3

48.1   Kegel mit Parabelschnitt

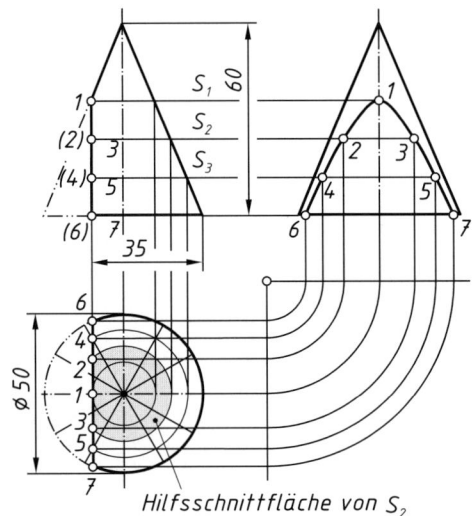

Hilfsschnittfläche von S_2

48.2   Kegel mit Hyperbelschnitt

Zeichnen Sie zu dem Kegel mit Parabelschnitt bzw. Hyperbelschnitt die jeweilige Abwicklung im M 1:1.

Übung: Zuordnen von Abwicklungen, räumliches Vorstellen und Zeichnungslesen

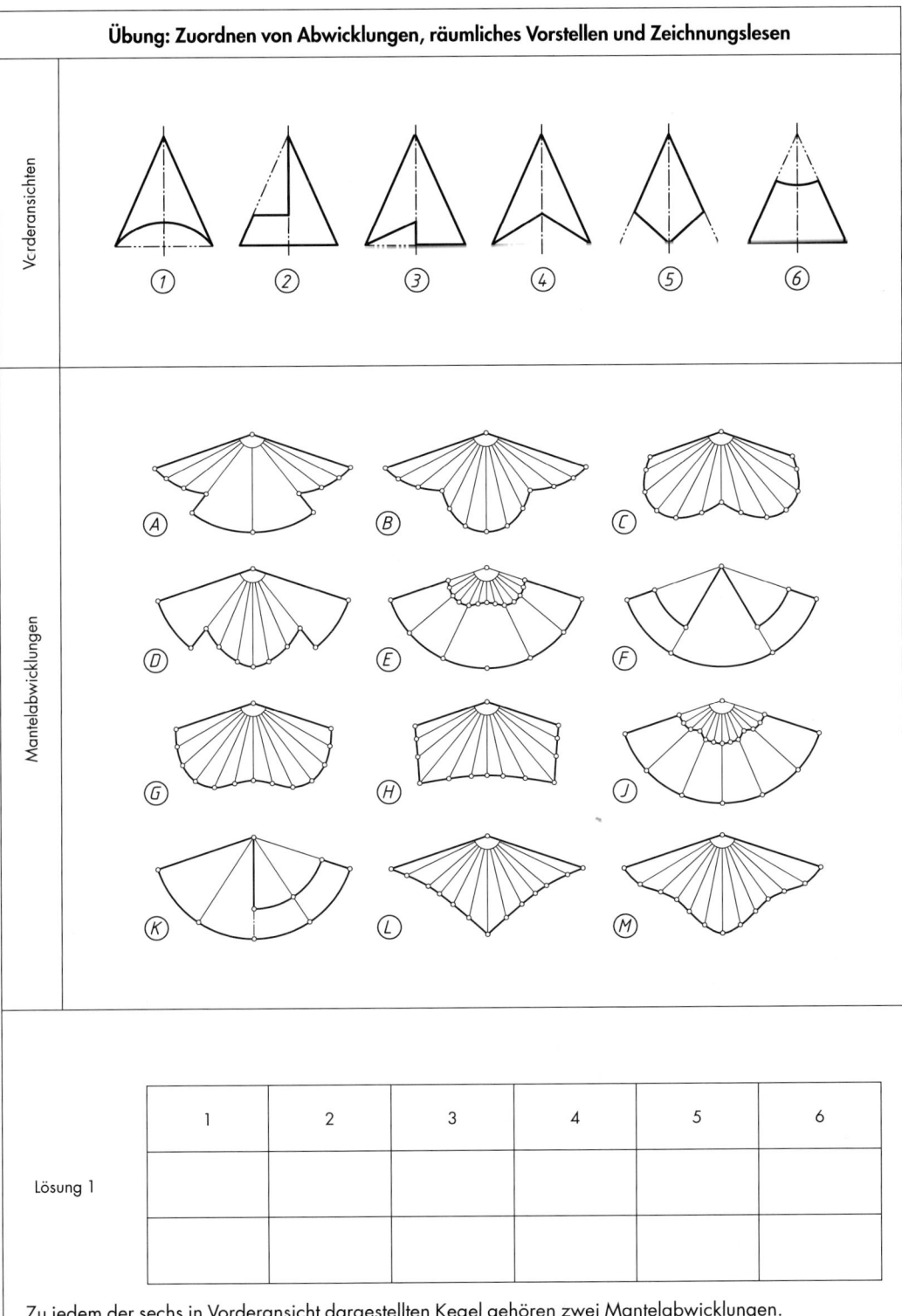

Verderansichten

Mantelabwicklungen

	1	2	3	4	5	6
Lösung 1						

Zu jedem der sechs in Vorderansicht dargestellten Kegel gehören zwei Mantelabwicklungen.
Welche Abwicklungen gehören zu den Kegeln 1 bis 6?

1.20 Darstellen und Bemaßen kugelförmiger Werkstücke

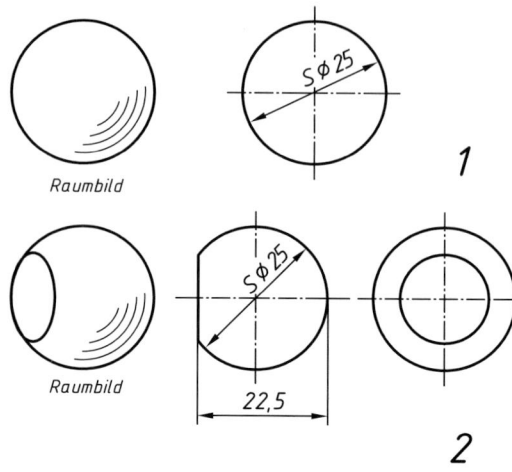

Raumbild

1

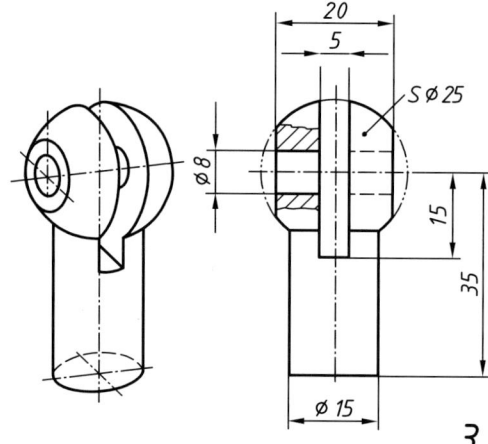

Raumbild

2

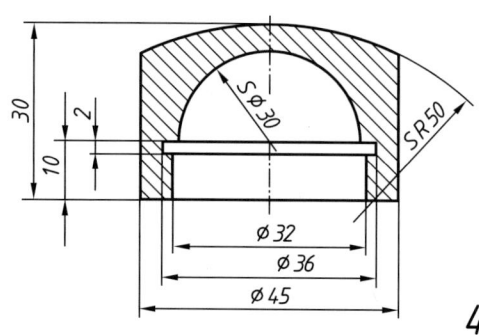

3

50.1 zeigt die Darstellung und Bemaßung einer Vollkugel und 50.2 die eines Kugelabschnittes.

Der Großbuchstabe S (sphärisch) kennzeichnet die Kugelform. Er steht vor dem Ø-Symbol und der Maßzahl.

Ist der Kugelmittelpunkt angegeben, so wird vor dem Kugelmaß stets das Ø-Symbol angegeben, 50.3.

Ist der Kugelmittelpunkt nicht angegeben, so wird anstelle des Ø-Symbols der Großbuchstabe R für den Kugelradius angegeben, 50.4.

WIEDERHOLUNGSFRAGEN

1. Wie wird bei der Bemaßung von Blechen in einer Ansicht die Blechdicke angegeben?
2. Mit welcher Ansicht beginnt man im Allgemeinen bei der Darstellung von Werkstücken in drei Ansichten?
3. Mit welcher Strichbreite zeichnet man verdeckte Kanten?
4. Wie werden Radien an Werkstücken bemaßt, und wann sind die Mittelpunkte der Radien anzugeben?
5. Wie wird bei der Maßeintragung die Kreisform gekennzeichnet?
6. Unter welchem Winkel wird beim Ø-Zeichen der Querstrich bei der ISO-Normschrift, nach DIN EN SO 3098-2 Schriftform B kursiv und Schriftform B vertikal, geschrieben?
7. Wie kennzeichnet man bei der Maßeintragung quadratische Formelemente?
8. Was verstehen Sie unter der Angabe SW 20?
9. In welchem Fall ist bei der Bemaßung von kugelförmigen Werkstücken vor die Maßzahl ein Ø-Symbol oder der Großbuchstabe R zu setzen?

TEXTAUFGABE

Zeichnen Sie mit den erforderlichen Maßen in der Vorderansicht liegend ein Werkstück von links nach rechts bestehend aus:

Kugel S Ø 30,

Zylinder Ø 15, 6 lang mit beidseitigen Übergangsradien R 2,

Bund Ø 30, 7 breit, 18 mm vom Kugelmittelpunkt beginnend,

Vierkant mit □ 20, 15 lang,

Zylinder Ø 20, 40 lang,

Kegel Ø 20, Ø 15, 19 lang.

Die Gesamtlänge des Werkstückes beträgt 105

4

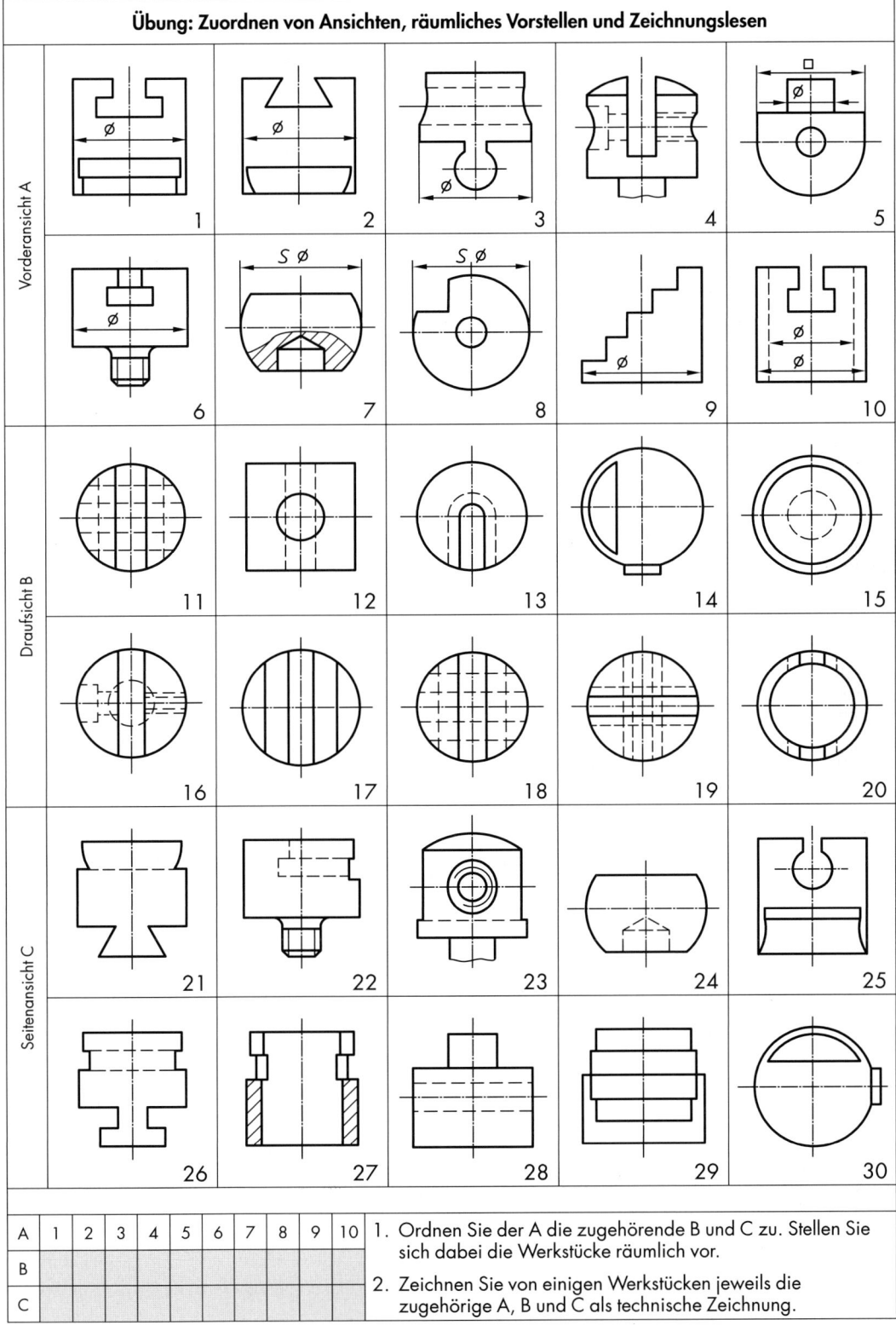

Übung: Zuordnen von Ansichten, räumliches Vorstellen und Zeichnungslesen

A	1	2	3	4	5	6	7	8	9	10
B										
C										

1. Ordnen Sie der A die zugehörende B und C zu. Stellen Sie sich dabei die Werkstücke räumlich vor.

2. Zeichnen Sie von einigen Werkstücken jeweils die zugehörige A, B und C als technische Zeichnung.

Übung: Ergänzen von Ansichten kegel- und kugelförmiger Werkstücke

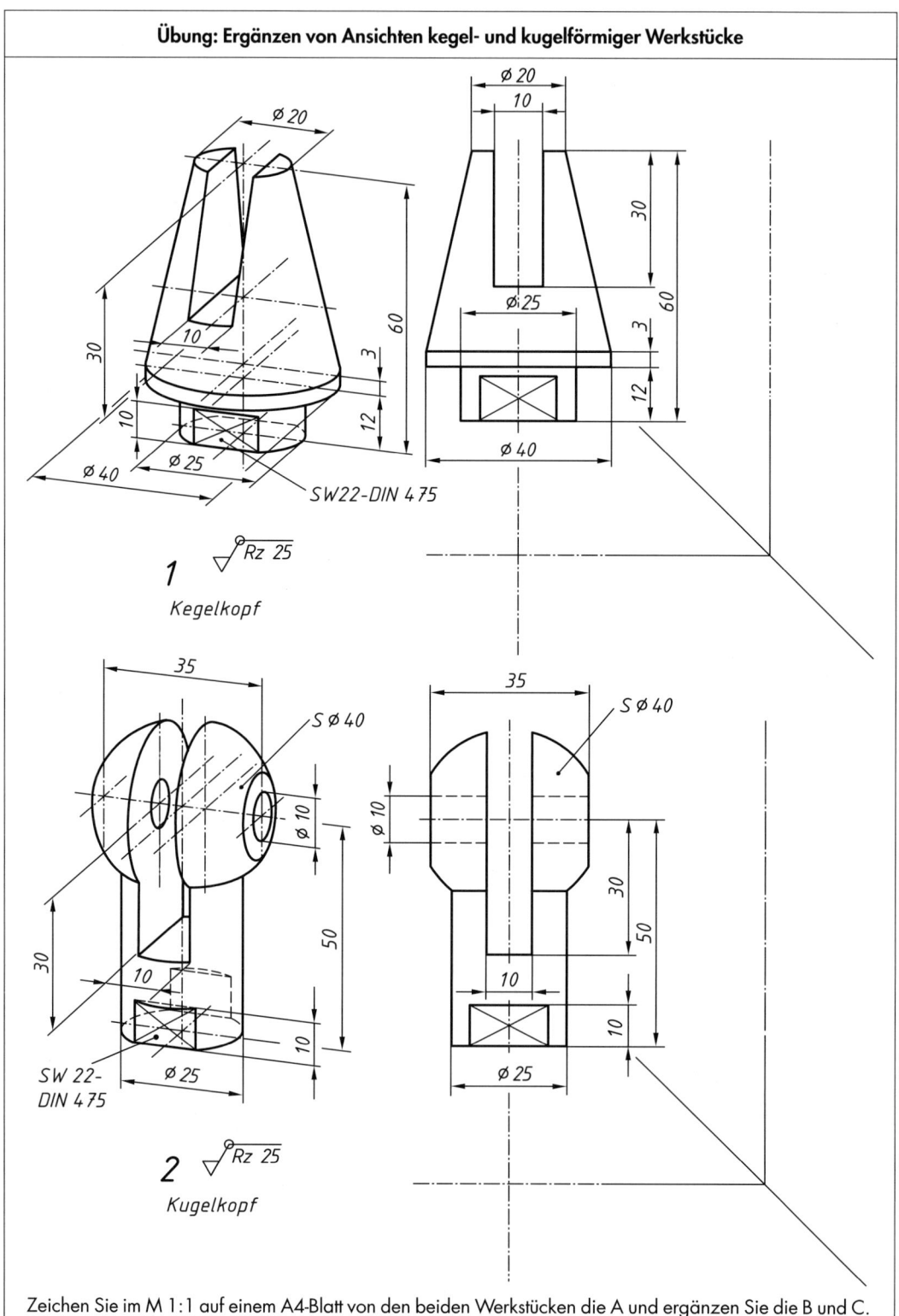

1

Kegelkopf

2

Kugelkopf

Zeichnen Sie im M 1:1 auf einem A4-Blatt von den beiden Werkstücken die A und ergänzen Sie die B und C.

Übung: Zeichnen von Werkstücken nach Raumbildern

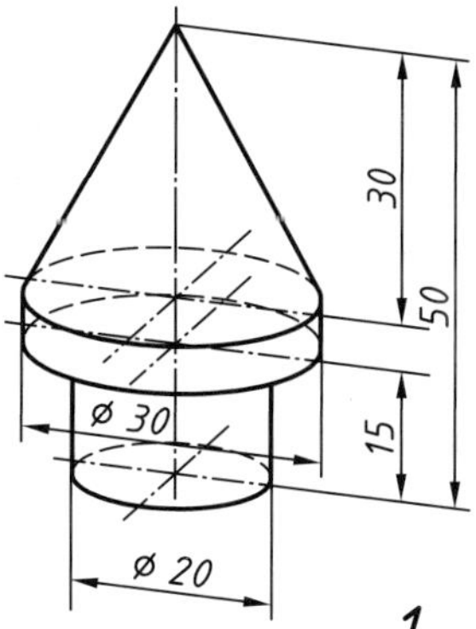

1

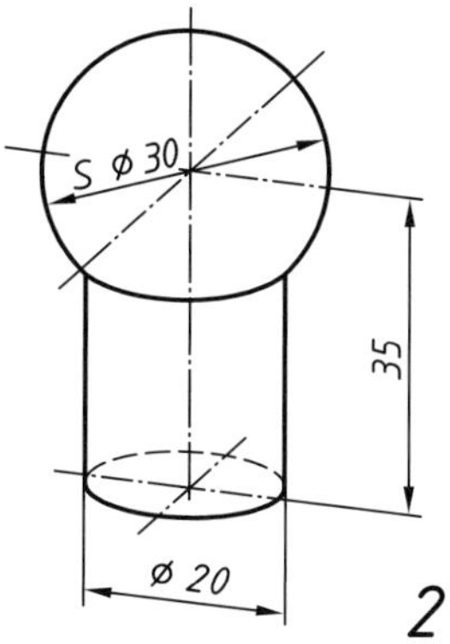

2

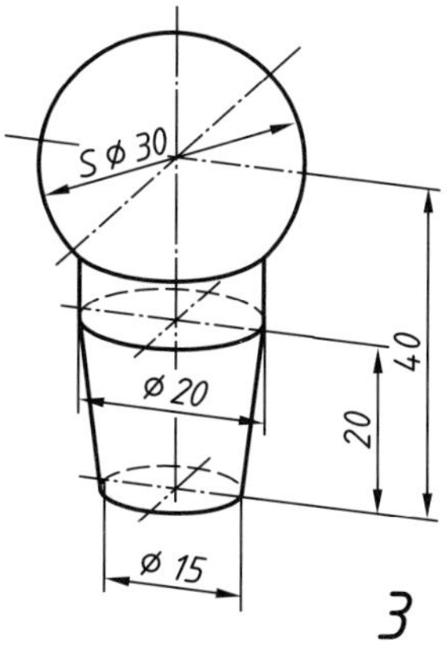

3

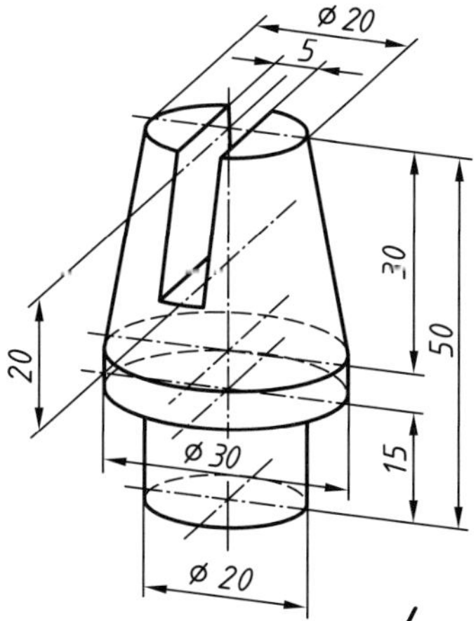

4

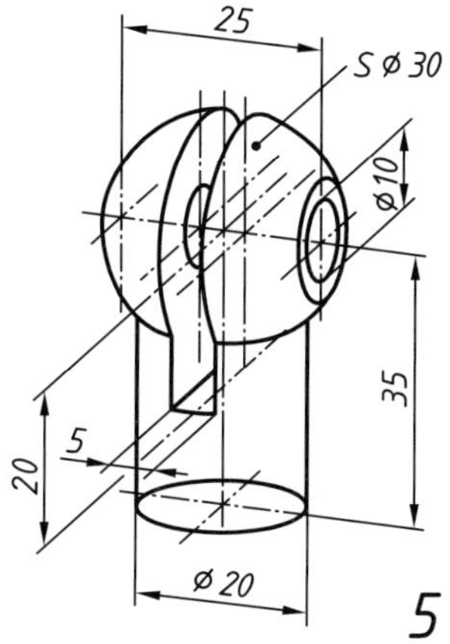

5

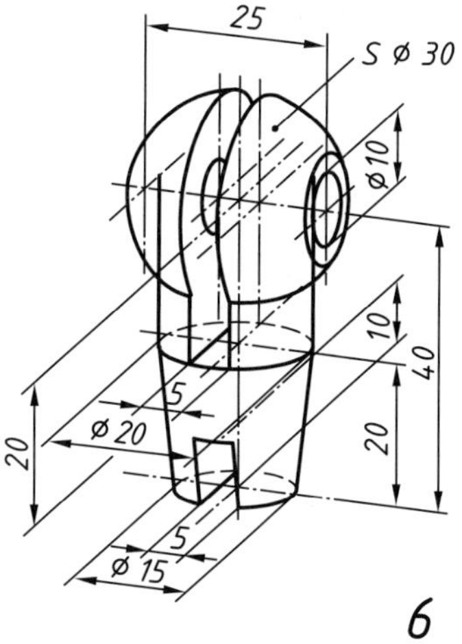

6

Zeichnen Sie im M 1:1 auf einem A4-Blatt je zwei Werkstücke in der A, B und C mit den erforderlichen Maßen in Zeichenschritten.

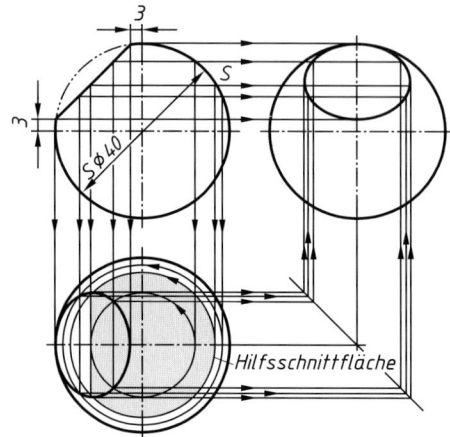

54.1   Kugelschnitt

Bei der Konstruktion der Schnittkurve an der Kugel 54.1 werden in der Vorderansicht Hilfsschnitte gelegt, die in der Draufsicht kreisförmige Hilfsschnittflächen bei der Kugel und eine Schnittgerade mit der Hauptschnittfläche ergeben. Die Schnittpunkte dieser Schnittgeraden mit dem Umfang der Hilfsschnittfläche ergibt in der Draufsicht Punkte der gesuchten Schnittkurve, die von der Vorderansicht und der Draufsicht in die Seitenansicht projiziert werden.

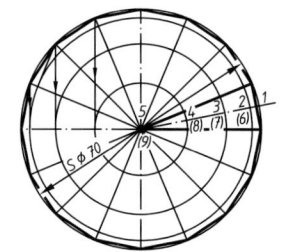

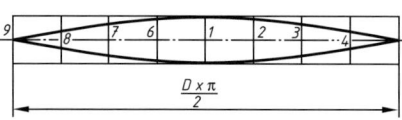

54.2   Kugelabwicklung

Da die Oberfläche einer Kugel allseitig gekrümmt ist, kann eine Abwicklung nur annähernd genau mithilfe von Radialschnitten oder parallelen Scheibenschnitten erfolgen. Je mehr Schnitte gelegt werden, desto genauer wird die Abwicklung.

Kugelabwicklung durch Radialschnitte

Bei der Kugelabwicklung 54.2 teilt man den Kreis in beliebig viele gleiche Teile, z. B. 16, verbindet die entsprechenden Teilungspunkte durch Geraden, welche durch den Mittelpunkt gehen. Von diesen Kreisteilungspunkten sind Lote auf die waagerechte Mittellinie zu fällen. Mit den Abständen dieser neuen Schnittpunkte vom Mittelpunkt als Radien werden um den Mittelpunkt Hilfskreise geschlagen. Die Senkrechten von den Schnittpunkten zu den gegenüberliegenden Schnittpunkten dieser Hilfskreise mit den Kreisdurchmessern trägt man in acht gleichen Abständen auf einer Geraden ab, die gleich der Hälfte des Kugelumfanges ist. Die Verbindung der einzelnen Endpunkte ergibt die Form und Größe eines der 16 gleichen Teile des Kugelmantels, die auch sphärische Zweiecke genannt werden.

Kugelabwicklung durch parallele Scheibenschnitte

Durch parallele Schnitte wird die Kugel 54.3 in z. B. drei Scheiben zerlegt und deren Oberfläche als Mantel eines Kugelstumpfes abgewickelt. Für jede Kugelscheibe wird ein entsprechender Kegel ermittelt, dessen Seitenlängen r1, r2, r3 der Abwicklung der Kegelstümpfe zugrunde gelegt wird. Je größer die Anzahl der Kugelscheiben, desto genauer ist die Kugelabwicklung.

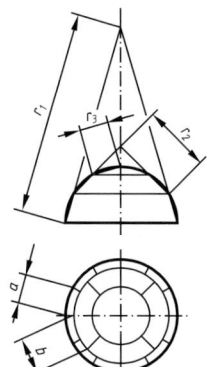

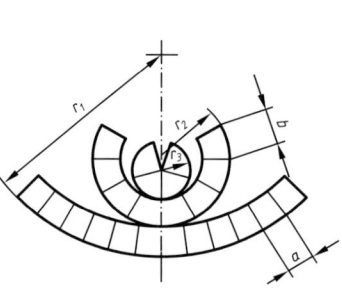

54.3   Kugelabwicklung

Übung:
Konstruieren Sie im M 1:1 auf einem A4-Blatt je eine Kugelabwicklung durch Radialschnitt und parallele Scheibenschnitte für eine Kugel S Ø 60.

Übung: Zeichnen von Ansichten kegel- und kugelförmiger Werkstücke, Konstruieren von Schnittkurven

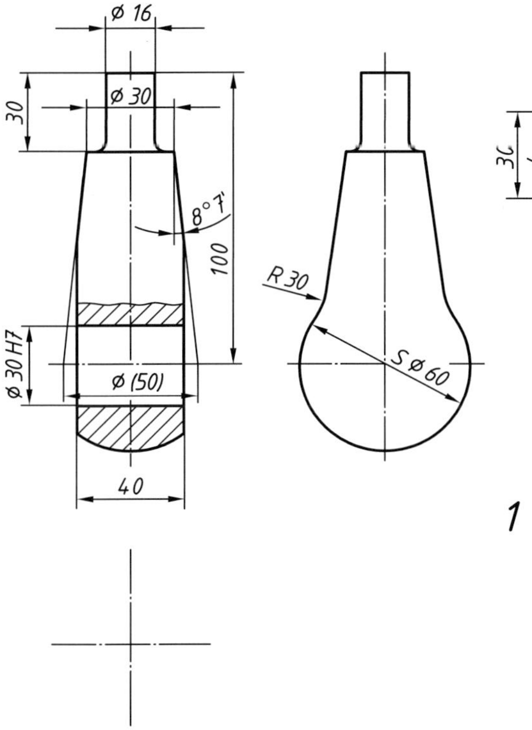

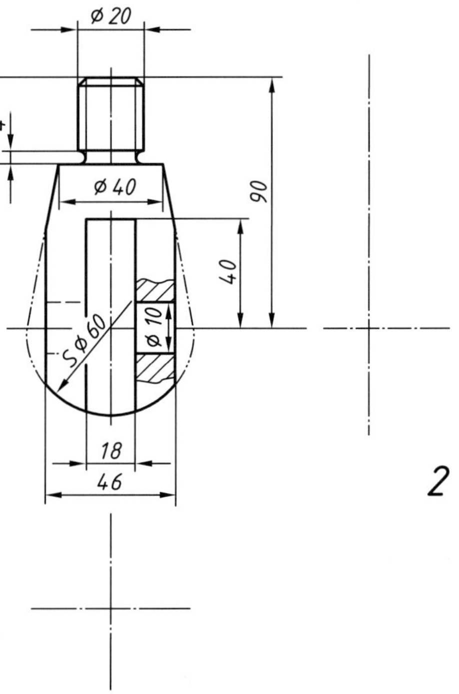

Ø 16
30
Ø 30
8° 7'
100
Ø 30 H7
Ø (50)
40
R 30
S Ø 60

1

Ø 20
30
4
Ø 40
90
40
S Ø 60
Ø 10
18
46

2

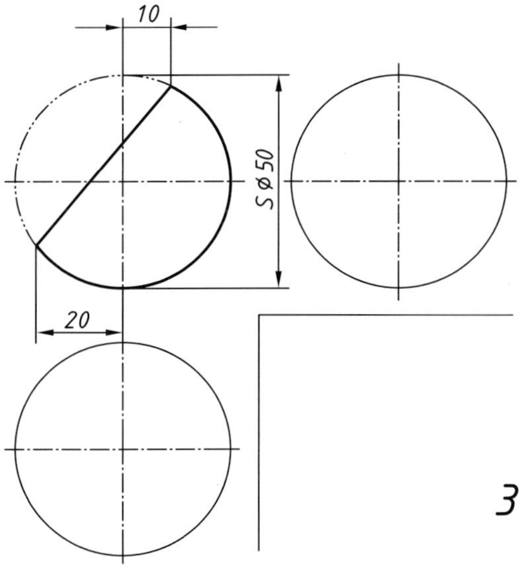

10
S Ø 50
20

3

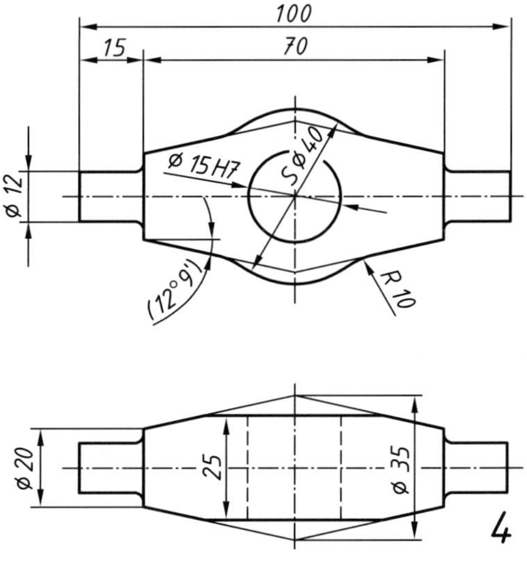

100
15
70
Ø 12
Ø 15 H7
S Ø 40
(12° 9')
R 10
Ø 20
25
Ø 35

4

Zeichnen Sie im M 1:1 auf einem A4-Blatt von den Teilen 1, 2, 3 und 4 jeweils die drei Ansichten und konstruieren Sie die Schnittkurven.

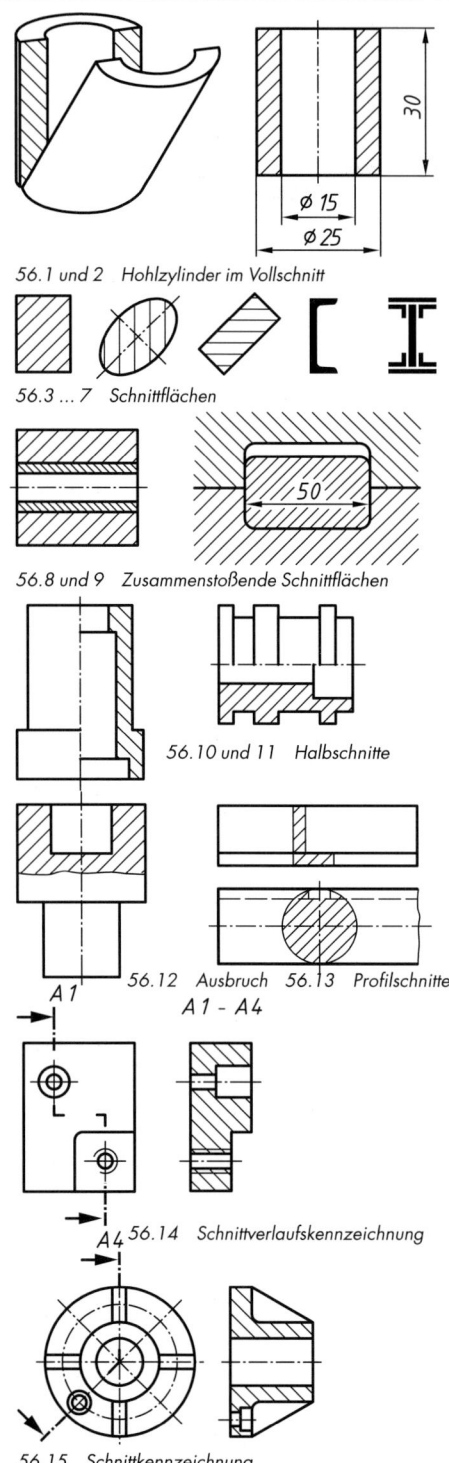

56.1 und 2   Hohlzylinder im Vollschnitt

56.3 ... 7   Schnittflächen

56.8 und 9   Zusammenstoßende Schnittflächen

56.10 und 11   Halbschnitte

56.12   Ausbruch   56.13   Profilschnitte
A1 - A4

56.14   Schnittverlaufskennzeichnung

56.15   Schnittkennzeichnung

Im Schnitt gezeichnet werden Hohlkörper, um die innere Form klar erkennen zu können. Man denkt sich dabei einen Teil des Werkstückes weggeschnitten und zeichnet den übriggebliebenen Teil, 56.2.

Die durch den Schnitt sichtbar werdenden inneren Körperkanten sind als breite Volllinie zu zeichnen. Dort, wo der gedachte Schnitt durch den Werkstoff führt, sind die Flächen zu schraffieren. Die Schraffurlinien werden als parallellaufende schmale Volllinien unter 45° zu den Hauptumrissen oder zur Symmetrieachse in gleichmäßigem Abstand, aber nicht zu eng gezeichnet, 56.2 ... 5.

Bei ineinandergefügten Teilen wird das innere Teil entgegengesetzt unter 135° und enger, 56.8 u. 9 bzw. weiter auseinander gezeichnet.

Schmale Schnittflächen werden voll geschwärzt, 56.6 u. 7. Mehrere zusammenstoßende schmale Schnittflächen sind ebenfalls voll geschwärzt, aber mit Zwischenfugen zu zeichnen, 56.7.

DIN ISO 128-50 zeigt die Möglichkeit der Kennzeichnung verschiedenartiger Werkstoffe durch die Art der Schraffur. Nur in Sonderfällen dürfen Werkstoffe durch besondere Schraffuren in den Schnittflächen gekennzeichnet werden, Der *Vollschnitt* zeigt die hintere Werkstückhälfte und verläuft bei symmetrischen hohlen Werkstücken durch die Längsmittelachse.

Beim Halbschnitt als vereinfachte Darstellung sind je die Hälfte der Innen- und Außenform erkennbar, 56.10 und 56.11.

Die Schnittflächen liegen beim Halbschnitt in waagerechter Werkstücklage unter, in senkrechter rechts von der Mittellinie, 56.10 und 11.

Verdeckte äußere Körperkanten sollen in Schnittdarstellungen nicht gekennzeichnet werden, 56.10 und 11.

Zum *Teilschnitt*, bei dem nur ein Teil des Werkstückes geschnitten gezeichnet wird, zählen der Ausbruch und der Teilausschnitt.

Der *Ausbruch* dient zur Verdeutlichung eines Werkstuckteiles, der durch eine schmale Freihandlinie begrenzt wird, die jedoch nicht mit einer Kante zusammenfallen darf, 56.12.

Beim *Teilausschnitt* wird die Schnittfläche nicht durch Bruchlinien begrenzt, 56.9.

Der *Profilschnitt* zeigt nur das Profil eines Werkstückes, das sich in der Schnittebene befindet, oder den in die Ansicht gedrehten Querschnitt, dessen Umrisse in schmaler Volllinie gezeichnet werden, 56.13.

Ist der Verlauf der Schnittebene durch den Körper nicht ohne Weiteres ersichtlich, so wird er durch breite strichpunktierte Linien am Anfang, Ende und an den Knickstellen sowie die Blickrichtung durch Pfeile gekennzeichnet 56.15.

Sind mehrere Schnittebenen durch einen Körper gelegt, so sind Anfang und Ende sowie die Knicke der Schnittlinien mit den ersten Großbuchstaben des Alphabetes zu kennzeichnen, z. B. A – B oder A 1 – A 4, 56.14.

Eine Schnittkennzeichnung ist nicht erforderlich, wenn die Lage der Schnittebene eindeutig ist, 56.10 und 11.

Übung: Ergänzen von Ansichten und Schnittdarstellung

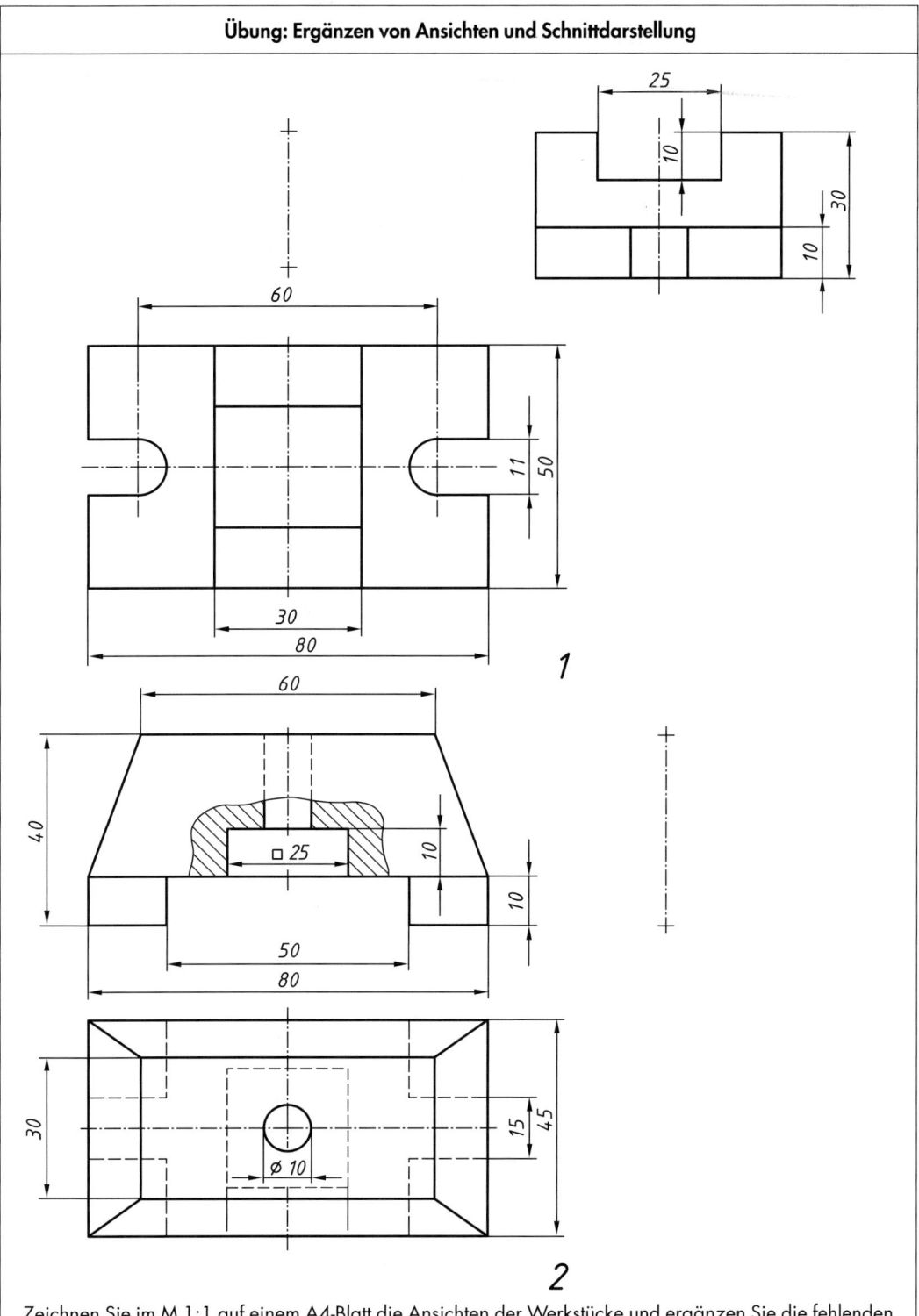

1

2

Zeichnen Sie im M 1:1 auf einem A4-Blatt die Ansichten der Werkstücke und ergänzen Sie die fehlenden Ansichten als Schnittdarstellung.

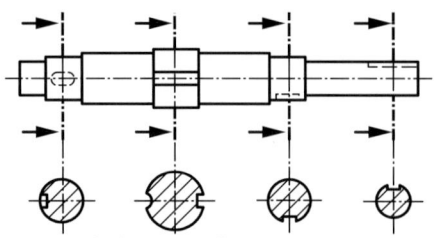

Bei mehreren einzelnen Schnittebenen durch längliche Teile, z. B. Wellen, dürfen Profilschnitte abweichend von der üblichen Anordnung unterhalb ihrer zugehörigen Schnittebene angeordnet werden. Bei symmetrischen Profilschnitten wird die Zuordnung durch Verbinden der Schnittlinien mit den entsprechenden Mittellinien deutlich gemacht. Eine Kennzeichnung durch Großbuchstaben ist dann nicht mehr erforderlich, 58.1.

58.1 Profilschnitte an Wellen

Teile, die im Längsschnitt nicht schraffiert gezeichnet werden:

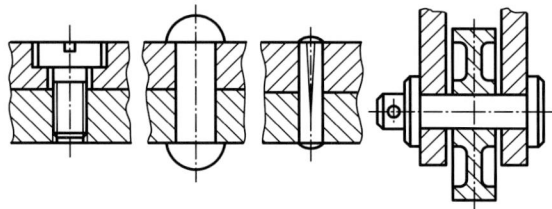

Volle Werkstücke, z. B. Schrauben, Niete, Stifte, Bolzen, Passfedern, Keile, Wälzkörper sowie Rippen von Gussstücken, werden nicht im Längsschnitt gekennzeichnet, 58.2.

Schrauben-   *Niete*   *Stifte*   *Bolzen*
bolzen

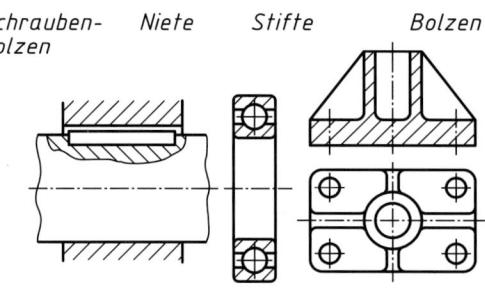

Passfedern,   *Wälz-*   *Rippen von*
Keile   *körper*   *Gussstücken*

58.2 Vollkörper und Rippen nicht geschnitten

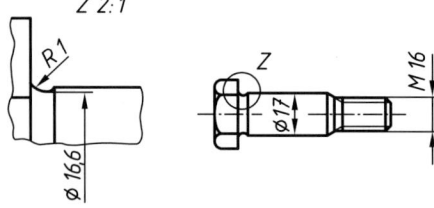

58.3 Darstellen von Einzelheiten

Einzelheiten werden zur Verdeutlichung in einem vergrößerten Maßstab herausgezeichnet. Um die herauszuzeichnende Stelle wird ein Kreis in der Breite schmaler Volllinien gezogen und mit einem der letzten Großbuchstaben des Alphabetes und der Angabe des Maßstabes gekennzeichnet, 58.3.

Positions- bzw. Teilnummern werden nach DIN ISO 6433 mindestens eine Schriftgröße größer als die Maßzahlen geschrieben. Sie sind möglichst außerhalb der Umrisslinie der betreffenden Teile anzuordnen und mit dem zugeordneten Teil durch eine schräge Hinweislinie zu verbinden, 58.4. Bei umkreisten Positionsnummern soll die Hinweislinie auf den Kreismittelpunkt gerichtet sein. Für die Klarheit und Lesbarkeit der Zeichnungen sollen die Positionsnummern möglichst senkrecht untereinander oder in horizontalen Reihen angeordnet werden.

Wortangaben wie „Ansicht", „Schnitt" und „Einzelheit" sollen in Zeichnungen entfallen.

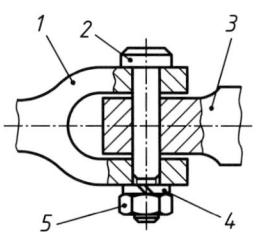

58.4 Anordnen der Positionsnummern

Schnittdarstellung einer Scheibenkupplung

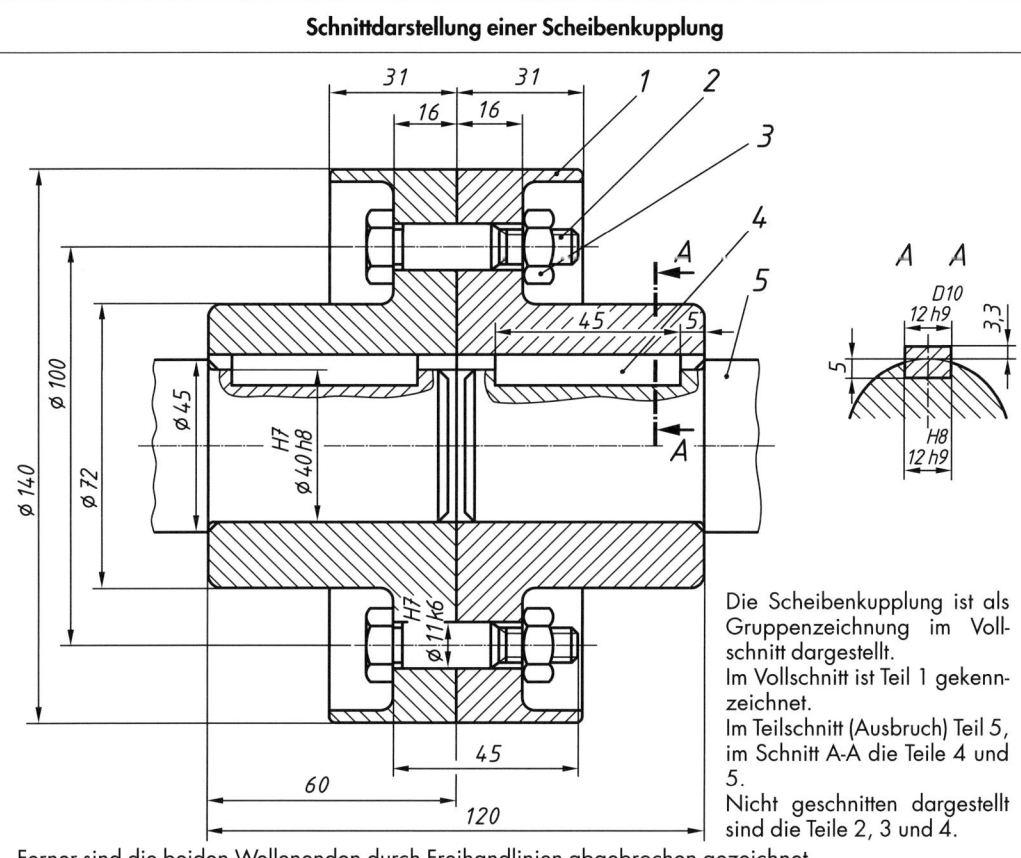

Die Scheibenkupplung ist als Gruppenzeichnung im Vollschnitt dargestellt.
Im Vollschnitt ist Teil 1 gekennzeichnet.
Im Teilschnitt (Ausbruch) Teil 5, im Schnitt A-A die Teile 4 und 5.
Nicht geschnitten dargestellt sind die Teile 2, 3 und 4.

Ferner sind die beiden Wellenenden durch Freihandlinien abgebrochen gezeichnet.

Funktion der Scheibenkupplung

Durch die Scheibenkupplung wird eine Drehbewegung (Drehmoment) von der Welle einer Antriebsmaschine auf die Welle einer Arbeitsmaschine übertragen.

Die Übertragung der Drehbewegung erfolgt vom Wellenende auf die Kupplungsscheibe formschlüssig über eine Passfeder. Hierbei wird die Passfeder auf Flächenpressung und Abscheren beansprucht.

Die Übertragung der Drehbewegung zwischen den Kupplungshälften erfolgt reibschlüssig, wenn die Passschrauben entsprechend angezogen sind und die Kupplungshälften gegeneinander pressen. Diese Pressverbindung überträgt dann die Drehbewegung, ohne dass die Passschrauben auf Abscheren beansprucht werden.

Die Passschrauben zentrieren die beiden Kupplungshälften miteinander.

Übung: Bestimmen Sie die Abmaße der verschiedenen Passmaße.

Pos.	Men.	Einh.	Benennung	Sachnr./Norm Kurzbez.	Werkst.
5	2	Stck	Wellen		E295
4	2	Stck	Passfeder	DIN 6885 - A 12 x 8 x 45	E335
3	3	Stck	Sechskantmutter	ISO 4032 - M 10	8
2	3	Stck	Sechskantpassschraube	DIN 609 - M 10 x 45	8.8
1	2	Stck	Kupplungshälfte		EN-GJL-250

	Verantwortl. Abt.	Technische Referenz	Erstellt durch	Genehmigt von		
			Dokumentenart		Dokumentenstatus	
			Titel, Zusätzlicher Titel			
			Scheibenkupplung		Änd. Ausgabedatum Spr. Blatt	

Außengewinde

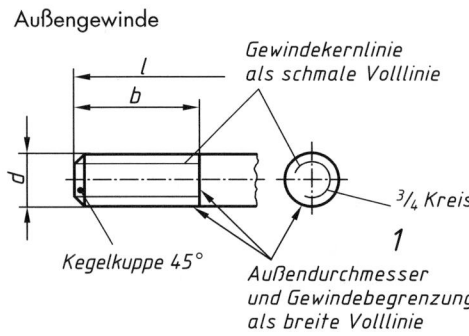

Gewindekernlinie als schmale Volllinie

3/4 Kreis

1

Kegelkuppe 45°

Außendurchmesser und Gewindebegrenzung als breite Volllinie

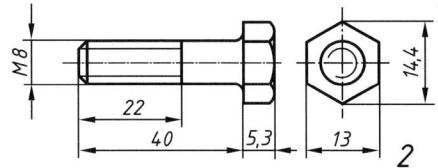

2

Sechskantschraube ISO 4014-M 8 x 40-8.8

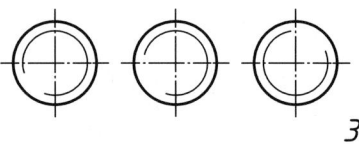

3

Innengewinde

Außen-Ø als schmale Volllinie, 3/4 Kreis

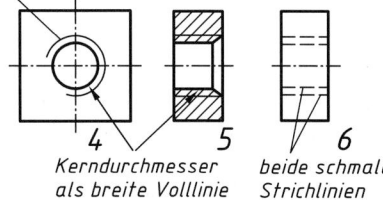

4   **5**   **6**

Kerndurchmesser als breite Volllinie   *beide schmale Strichlinien*

Gewindesacklöcher

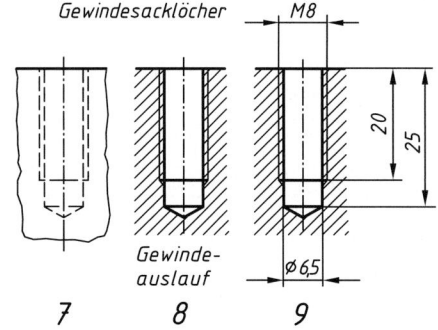

Gewinde-auslauf

7   **8**   **9**

Sämtliche Gewindearten werden nach DIN ISO 6410 vereinfacht dargestellt, und zwar zumeist als breite oder schmale Volllinie.

Bei Außengewinden sind der Außen-Ø, die Kegelkuppe und die Gewindebegrenzung in breiter und die Gewindekernlinie in schmaler Volllinie zu zeichnen.

Das Ende eines Gewindebolzens ist unter 45° bis auf den Kern-Ø abgefast. Die Gewindekernlinie wird in der Seitenansicht als ¾-Kreis in schmaler Volllinie dargestellt, 60.1.

Der ¾-Kreis als Symbol für den Gewindekerndurchmesser darf in beliebiger Lage gezeichnet werden, 60.3.

Fasen am Ende von Gewinden sind nicht zu bemaßen.

Beim geschnitten dargestellten Innengewinde 60.5 und 8 sind der Gewindekerndurchmesser und die Gewindebegrenzung als breite Volllinien und der Außendurchmesser als schmale Volllinie zu zeichnen.

In nicht geschnittenen Vorder- und Seitenansichten von Muttern wird auch bei verschraubten Muttern kein Gewinde gezeichnet, 61.1 und 2.

Beim Innengewinde sind der Kern-Ø als breite Volllinie und der Gewinde-Nenn-Ø als ¾-Kreis mit schmaler Volllinie darzustellen, 60.4 und 5. Eine im Schnitt gezeichnete Gewindelochsenkung bis auf den Kern-Ø wird in der Ansicht, in der das kreisförmige Gewindeloch sichtbar ist, nicht gezeichnet, 60.4.

Da bei Innengewinde der Gewindeauslauf außerhalb der nutzbaren Gewindelänge liegt, wird dieser – abgesehen von Sacklöchern für Stiftschrauben – nicht gezeichnet.

Die Gewindekernlochbohrung ist stets länger als die Gewindebohrung zu zeichnen, 60.7 ... 9.

Die Maße für Gewindeausläufe sind nach DIN 76-1 genormt.,

Die Konstruktion einer Sechskantmutter zeigt 60.10. Hierbei ist zuerst mit dem Zeichnen der Umrisse in den Ansichten beginnend mit dem Sechskant um den Kreis von Ø S (= Schlüsselweite) in der Draufsicht anzufangen.

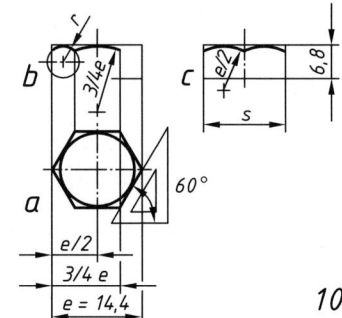

10

1.24 Schraubenverbindungen nach ISO-Darstellung

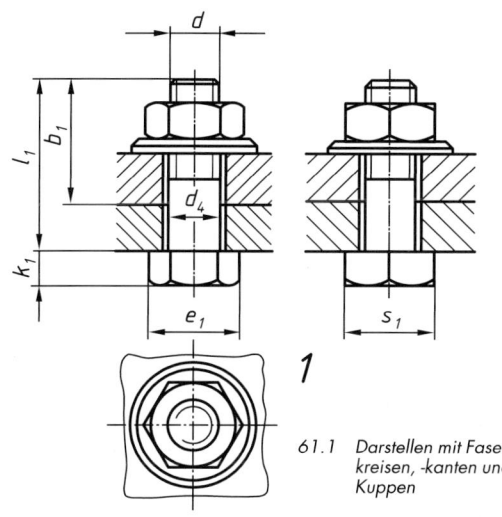

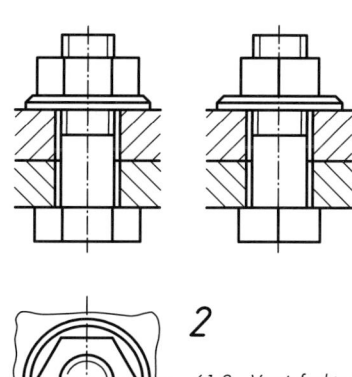

61.1 Darstellen mit Fasen-
kreisen, -kanten und
Kuppen

61.2 Vereinfachte Dar-
stellung ohne Fasen-
kreise, -kanten und
Kuppen

In Schnittdarstellungen von Verschrau-
bungen sind die Innenteile so darzustellen,
als wenn sie allein vorhanden wären und
von den Außenteilen nur die nicht verdeck-
ten Teile, wobei die Mutter den Schraubenbolzen verdeckt.

Außengewindebegrenzungen sollen nur
dann in Schnittdarstellungen gezeichnet
werden, wenn dies zum Verständnis not-
wendig ist, 61.4.

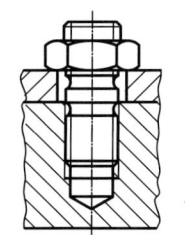

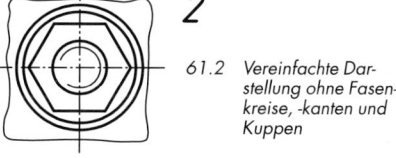

61.3 Stiftschraube nach DIN 938

61.4 Rohrverschrauburig

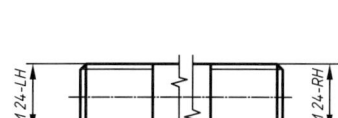

61.5 Bolzen mit metrischem Links- und
Rechtsgewinde, Außengewinde

Das Linksgewinde wird durch das Kurzzeichen LH (Left
Hand) gekennzeichnet. Weist ein Teil Rechts- und Linksgewinde auf, so ist nicht nur das Linksgewinde, sondern
auch das Rechtsgewinde mit dem Kurzzeichen RH (Right
Hand) zu kennzeichnen, 61.5

Beispiele der vereinfachten Darstellung von Schraubenverbindungen nach DIN ISO 6410-3:

durch Norm-Bezeichnungen   durch Sachnummern

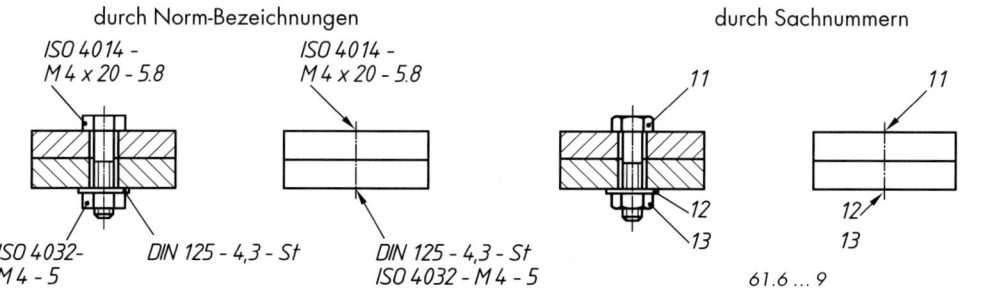

61.6 ... 9

Übung: ISO-Gewindedarstellung nach DIN ISO 6410-1

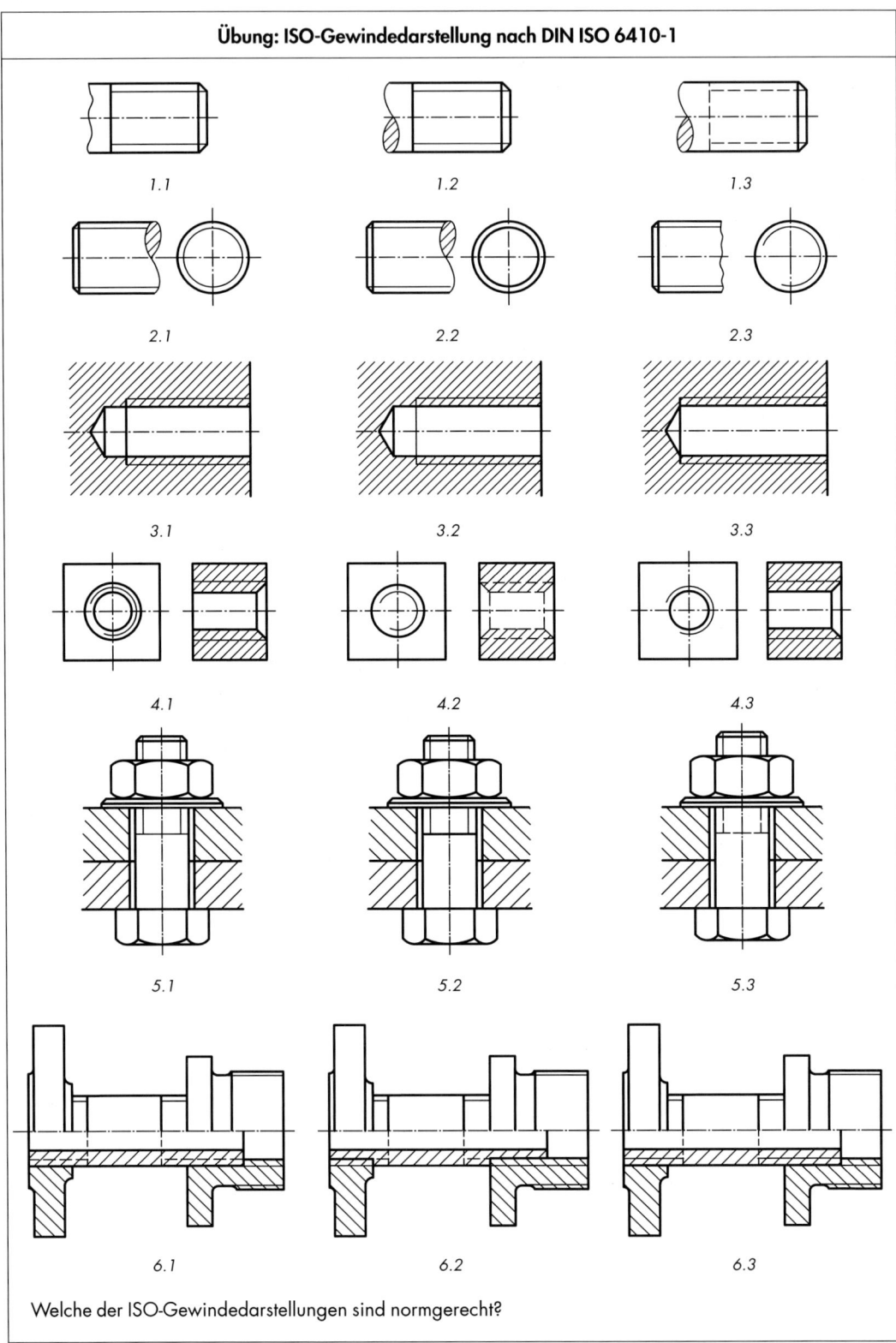

1.1

1.2

1.3

2.1

2.2

2.3

3.1

3.2

3.3

4.1

4.2

4.3

5.1

5.2

5.3

6.1

6.2

6.3

Welche der ISO-Gewindedarstellungen sind normgerecht?

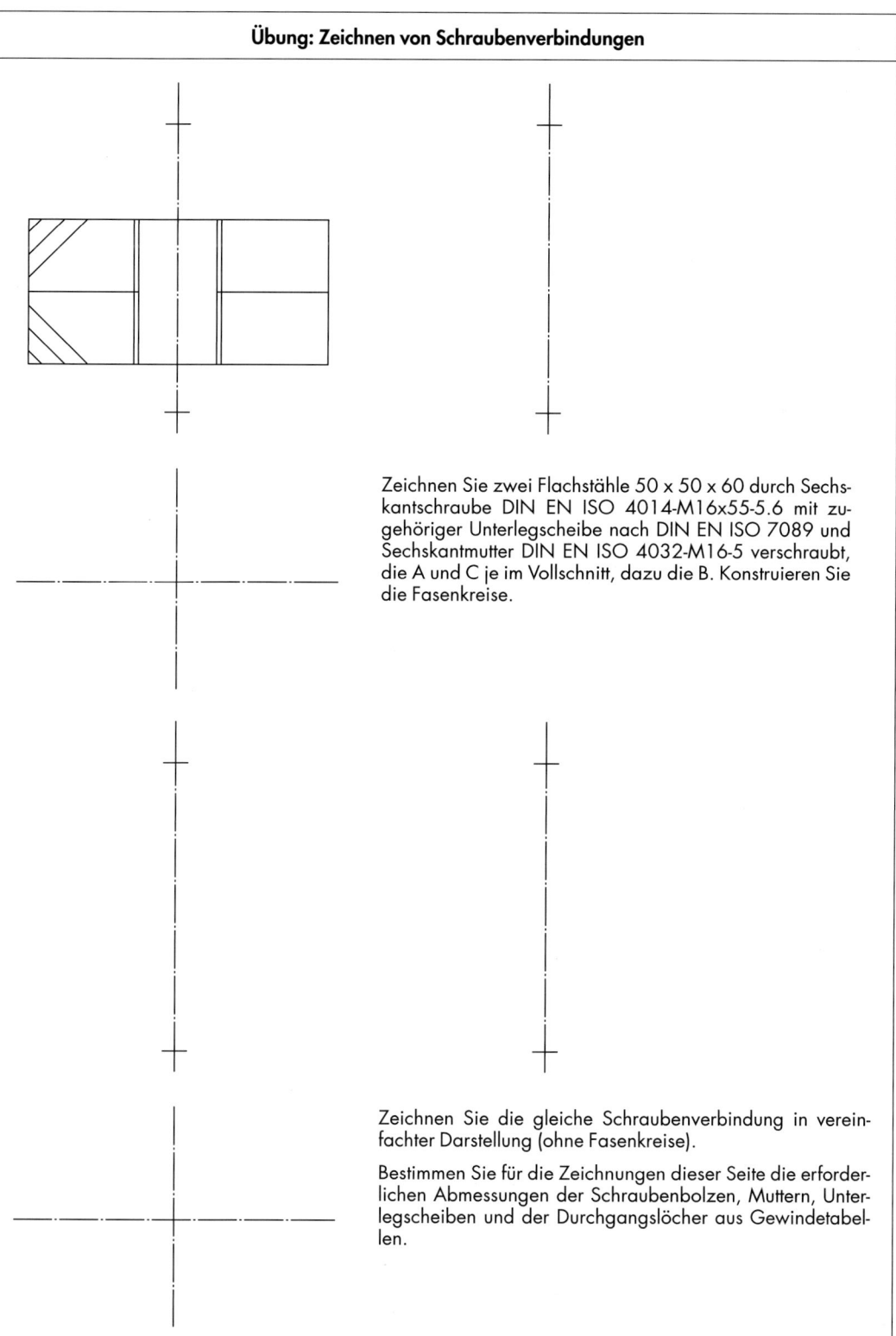

Zeichnen Sie zwei Flachstähle 50 x 50 x 60 durch Sechskantschraube DIN EN ISO 4014-M16x55-5.6 mit zugehöriger Unterlegscheibe nach DIN EN ISO 7089 und Sechskantmutter DIN EN ISO 4032-M16-5 verschraubt, die A und C je im Vollschnitt, dazu die B. Konstruieren Sie die Fasenkreise.

Zeichnen Sie die gleiche Schraubenverbindung in vereinfachter Darstellung (ohne Fasenkreise).

Bestimmen Sie für die Zeichnungen dieser Seite die erforderlichen Abmessungen der Schraubenbolzen, Muttern, Unterlegscheiben und der Durchgangslöcher aus Gewindetabellen.

Übung: Zeichnen und Bemaßen der Einzelteile einer Stockwinde

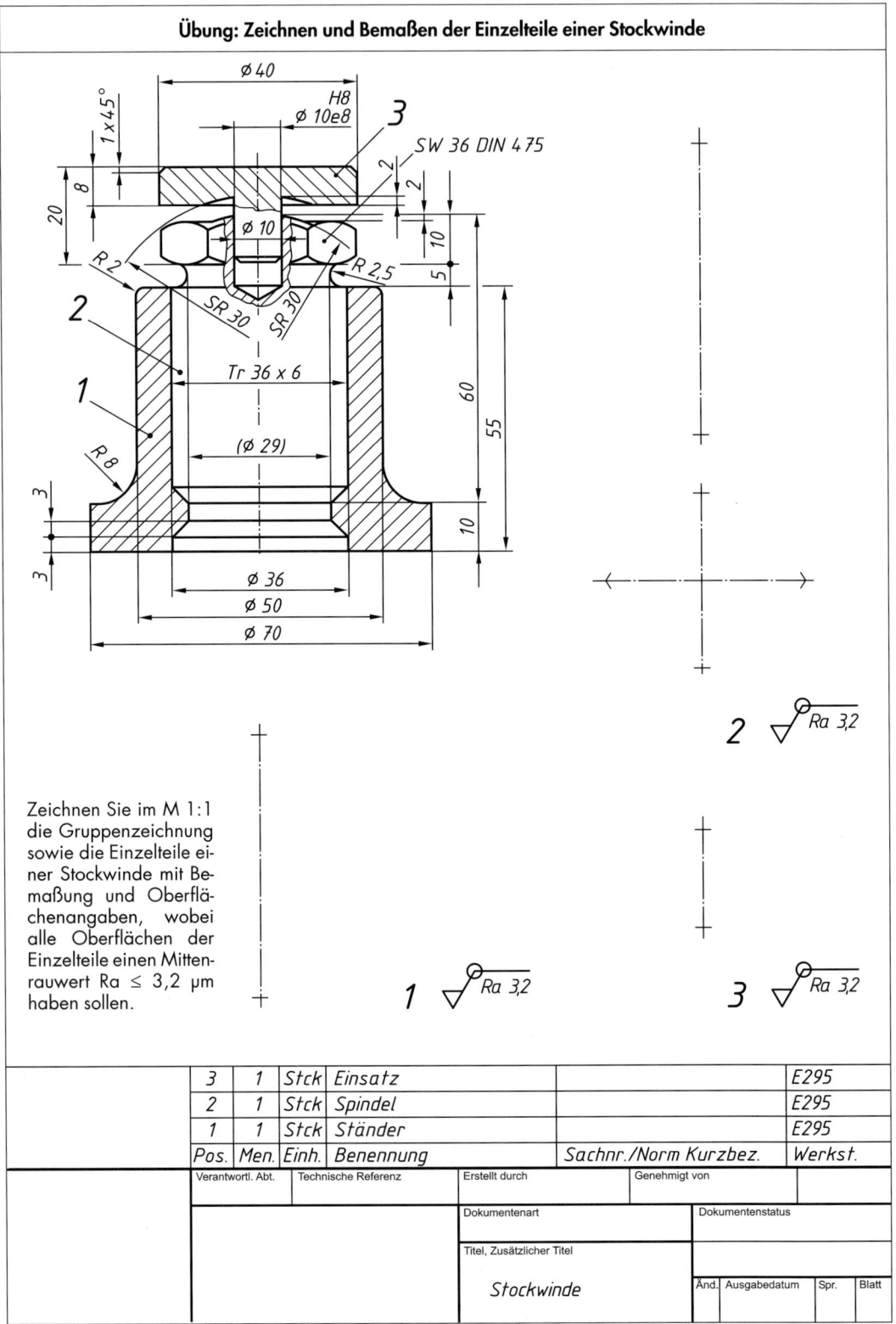

Zeichnen Sie im M 1:1 die Gruppenzeichnung sowie die Einzelteile einer Stockwinde mit Bemaßung und Oberflächenangaben, wobei alle Oberflächen der Einzelteile einen Mittenrauwert Ra ≤ 3,2 μm haben sollen.

Pos.	Men.	Einh.	Benennung	Sachnr./Norm Kurzbez.	Werkst.
3	1	Stck	Einsatz		E295
2	1	Stck	Spindel		E295
1	1	Stck	Ständer		E295

Verantwortl. Abt.	Technische Referenz	Erstellt durch		Genehmigt von
		Dokumentenart		Dokumentenstatus
		Titel, Zusätzlicher Titel		
		Stockwinde		Änd. / Ausgabedatum / Spr. / Blatt

Übung: Zeichnen nach Fertigungsstufen für Einzelfertigung

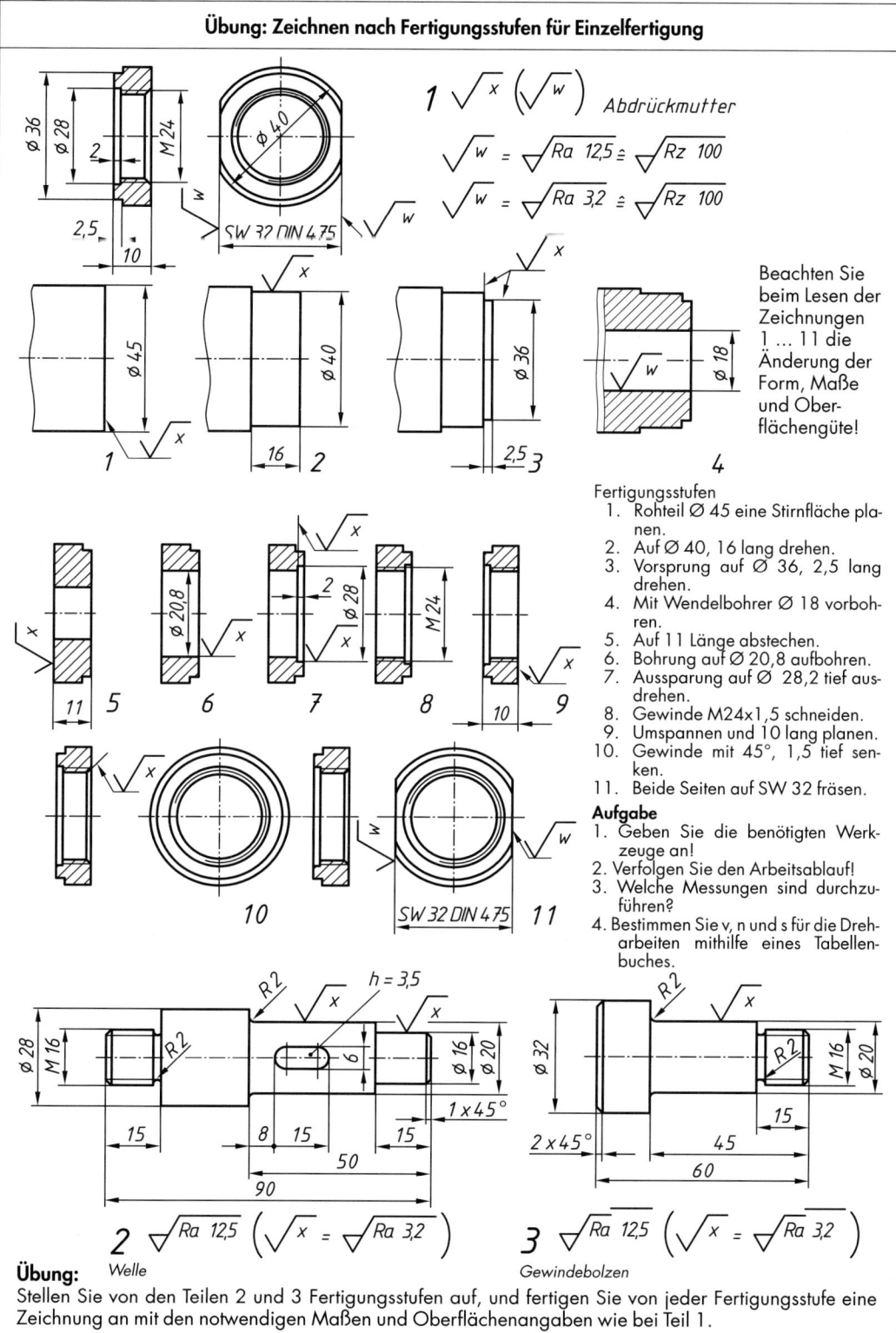

1 $\sqrt{}^x$ $\left(\sqrt{}^w\right)$ *Abdrückmutter*

$\sqrt{}^w = \sqrt{}\,\overline{Ra\ 12{,}5} \triangleq \sqrt{}\,\overline{Rz\ 100}$

$\sqrt{}^w = \sqrt{}\,\overline{Ra\ 3{,}2} \triangleq \sqrt{}\,\overline{Rz\ 100}$

Beachten Sie beim Lesen der Zeichnungen 1 ... 11 die Änderung der Form, Maße und Oberflächengüte!

Fertigungsstufen
1. Rohteil Ø 45 eine Stirnfläche planen.
2. Auf Ø 40, 16 lang drehen.
3. Vorsprung auf Ø 36, 2,5 lang drehen.
4. Mit Wendelbohrer Ø 18 vorbohren.
5. Auf 11 Länge abstechen.
6. Bohrung auf Ø 20,8 aufbohren.
7. Aussparung auf Ø 28,2 tief ausdrehen.
8. Gewinde M24x1,5 schneiden.
9. Umspannen und 10 lang planen.
10. Gewinde mit 45°, 1,5 tief senken.
11. Beide Seiten auf SW 32 fräsen.

Aufgabe
1. Geben Sie die benötigten Werkzeuge an!
2. Verfolgen Sie den Arbeitsablauf!
3. Welche Messungen sind durchzuführen?
4. Bestimmen Sie v, n und s für die Dreharbeiten mithilfe eines Tabellenbuches.

2 $\sqrt{}\,\overline{Ra\ 12{,}5}$ $\left(\sqrt{}^x = \sqrt{}\,\overline{Ra\ 3{,}2}\right)$ *Welle*

3 $\sqrt{}\,\overline{Ra\ 12{,}5}$ $\left(\sqrt{}^x = \sqrt{}\,\overline{Ra\ 3{,}2}\right)$ *Gewindebolzen*

Übung:
Stellen Sie von den Teilen 2 und 3 Fertigungsstufen auf, und fertigen Sie von jeder Fertigungsstufe eine Zeichnung an mit den notwendigen Maßen und Oberflächenangaben wie bei Teil 1.

1.25 Darstellen und Bemaßen der Zuschnitte von Biegeteilen

Das Biegen ist ein Umformvorgang, bei dem der Werkstoff in der äußeren Zone gedehnt und in der inneren gestaucht wird. Die mittlere Faser ist spannungsfrei. Die Berechnung der gestreckten Länge bzw. der Zuschnittslänge von Biegeteilen erfolgt im Allgemeinen über die mittlere Faser, genauer über die neutrale Faser.

Die Lage der neutralen Faser wird in der Biegezone im Wesentlichen vom Biegeradius und der Blechdicke beeinflusst, sodass eine genaue Berechnung der gestreckten Länge nach DIN 6935 (Kaltbiegen und Kaltabkanten) über die theoretischen Schenkellängen und den Ausgleichswert v erfolgt. Bei dünneren Biegeteilen kann die gestreckte Länge hinreichend genau über die mittlere Faser berechnet werden, s. Beispiel.

Biegeteile sollen stets quer zur Walzrichtung gebogen werden. Das elastische Rückfedern kann durch Überbiegen ausgeglichen werden. Mit Rücksicht auf das Fertigungsverfahren sind an Biegeteilen die Innenradien zu bemaßen. Hierbei sollen die Rundungen nach DIN 250 bevorzugt werden, um einheitliche Radien an den Biegewerkzeugen zu erhalten. Mindestgrößen der Rundungshalbmesser und Schenkellängen sollen nicht unterschritten werden, s. DIN 6935.

Bei der Bemaßung des Zuschnitts können die Biegelinien durch schmale Volllinien dargestellt werden. Sie geben die Mitte der Biegeradien an. Die Lage der Biegelinien ergibt sich aus den anliegenden Schenkeln und der Hälfte des anschließenden Bogens.

Bei Bogenmaßen wird das Bogensymbol als Halbkreis vor die Maßzahl gesetzt. Nur beim manuellen Zeichnen darf das Bogensymbol als Kreissegment über die Maßzahl gesetzt werden, wie 66.1 zeigt.

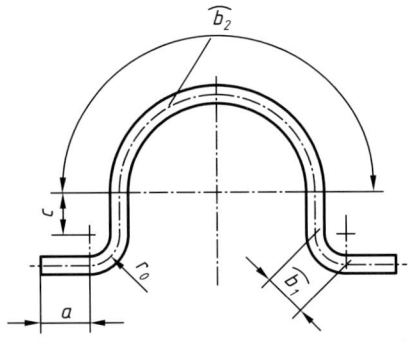

66.1

Bei der vereinfachten Berechnung ergibt sich die gestreckte Länge als Summe aller geraden und gebogenen Strecken der mittleren Faser (Mittellinie) z. B.

$$L = 2a + 2c + 2b_1 + b_2$$

Die Bogenmaße b lassen sich nach folgender Beziehung ermitteln

$$b = \frac{2r_0 \cdot \pi}{360°} \cdot \alpha°$$

Beispiel

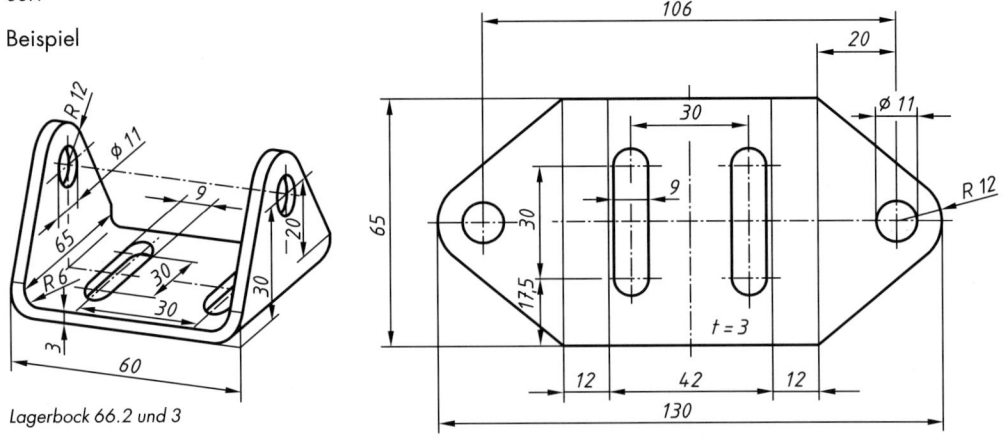

Lagerbock 66.2 und 3

Zuschnittslänge L $= 60 - 2 \cdot 9 + 7{,}5 \cdot \pi + 2 \cdot 20 + 2 \cdot 12$
$= 42 + 24 + 40 + 24$
$= 130 \text{ mm}$

Übung: Darstellen und Bemaßen der Zuschnitte von Biegeteilen

1

2

3

Zeichnen Sie von den dargestellten Biegeteilen je den Zuschnitt im M 1:1 mit fertigungsgerechter Bemaßung. Hierbei sind Beginn und Ende der Biegung durch schmale Volllinien zu kennzeichnen und zu bemaßen.

Die Zuschnittslängen sind vereinfacht über die mittlere Faser des Bleches zu ermitteln, siehe Beispiel S. 66.

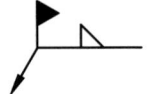

68.1   Baustellennaht

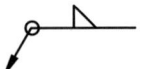

68.2   Rundumnaht

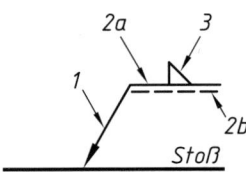

1   Pfeillinie
2a Bezugslinie (Volllinie)
2b Bezugslinie (Strichlinie)
3   Symbol
68.3   Darstellungsart für Nähte

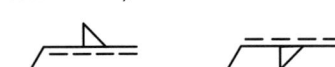

68.4   Bezugslinien

68.5 und 6   Symmetrische Nähte

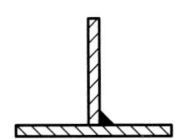

68.7...10   Lage des Symbols zur
            Bezugslinie bei einseitigen
            Nähten

68.11 ... 13   T-Stoß mit Kehlnaht

Ergänzungssymbole

Ergänzungssymbole geben Hinweise auf den Verlauf der Nähte, z. B. ringsum verlaufende Nähte 68.2 und auf Baustellennähte 68.1.

Lage der Symbole in Zeichnungen

Die symbolische Darstellungsart für Nähte enthält neben dem Symbol noch

eine Pfeillinie, die mit einer Pfeilspitze auf den Stoß weist (unter 60°),

eine Bezugslinie, bestehend aus zwei parallelen Linien, einer Volllinie und einer Strichlinie, 68.3. Letztere kann über oder unter der Volllinie stehen, entfällt aber bei symmetrischen Nähten, 68.5 und 6,

eine bestimmte Anzahl von Maßen und Angaben, s. S. 69.

Pfeillinie und Bezugslinie bilden das Bezugszeichen, 68.3. Die Bezugslinie wird an ihrem Ende durch eine Gabel ergänzt, auch für Angaben, s. S. 69.

Lage der Bezugslinie

Die Bezugslinie ist möglichst parallel zur Unterkante der Zeichenunterlage, d. h. in Leserichtung der Zeichnung zu zeichnen, andernfalls ist sie senkrecht anzuordnen.

Lage des Symbols zur Bezugslinie

Das Symbol steht stets senkrecht zur Bezugslinie. Es darf entweder über oder unter der Bezugslinie gesetzt werden, wobei folgende Regeln gelten:

Wird das Symbol auf der Seite der Bezugsvolllinie gesetzt, dann befindet sich die Naht auf der Pfeilseite des Stoßes.

Wird das Symbol auf der Seite der Bezugsstrichlinie gesetzt, dann befindet sich die Naht auf der Gegenseite des Stoßes.

Da es mehrere Möglichkeiten für die symbolische Darstellung von Nähten gibt, soll innerhalb einer Zeichnung stets die gleiche Darstellungsart gewählt werden. Dabei ist das Symbol so anzuordnen, dass es mit dem Nahtquerschnitt übereinstimmt, z. B. 68.12.

Naht auf der Pfeilseite   Naht auf der Gegenseite

Gegenseite   Pfeilseite   Gegenseite

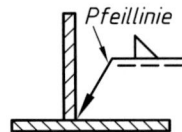

Pfeillinie

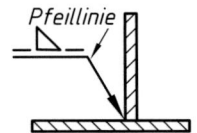

Pfeillinie

Darstellen und Bemaßen von Schweißnähten

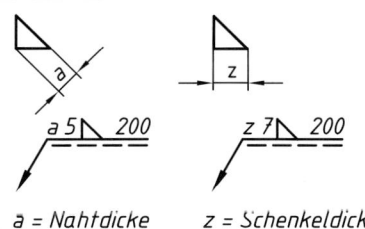

$a = Nahtdicke \qquad z = Schenkeldicke$

$$z = a\sqrt{2}$$

69.1

Bei Kehlnähten ist es üblich, in deutschsprachigen Ländern die Kehlnahtdicke a und in den USA und anderen Ländern die Schenkeldicke z anzugeben. Der Buchstabe a stets vor das entsprechende Maß zu setzen, 69.1.

Die Kehlnahtdicke a ist gleich der Höhe des im Nahtquerschnitt einbeschriebenen größten gleichschenkligen Dreiecks.

Bezugszeichen mit Angaben

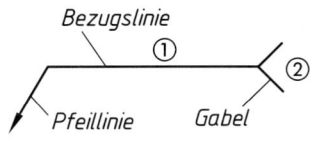

108.2 Bezugszeichen

Dem Symbol am Bezugszeichen können Maße zugeordnet werden, wobei die Nahtdicke vor dem Symbol und die Längenmaße hinter dem Symbol anzugeben sind. Ist kein Längenmaß vorhanden, dann liegt eine durchgehende Naht über die gesamte Werkstücklänge vor.

Die Linienbreite der Pfeillinie, Bezugslinie, des Symbols und der Beschriftung sollen der Linienbreite für die Maßeintragung entsprechen, d.h. gleich sein.

Nahtdicke a

Angaben bei ①: Symbol der Schweißnaht nach DIN EN 22553
Länge der Naht bzw. der unterbrochenen Naht n x l (e)

Angaben bei ② Ordnungs-Nr. des Schweißverfahrens nach DIN EN 24063
falls erforderlich: Bewertungsgruppe nach DIN EN 25817 z. B. C
Arbeitsposition nach DIN EN ISO 6947 z. B. PA
Schweißzusatzwerkstoff z. B. nach DIN 1732, DIN EN 499

Beispiele für Schweißnahtangaben

Illustration	Symbolische Darstellung	Erklärung
Durchgehende V-Naht	Vorderansicht 111/ISO 5817-C/ISO 6947-PA/EN 499-E 38 2 RR oder 111/ISO 5817-C/ISO 6947-PA/EN 499-E 38 2 RR	Durchgehende V-Naht hergestellt durch Lichtbogenhandschweißen Ordnungs-Nr. 111 (DIN EN 24063), Bewertungsgruppe C nach DIN EN 25817, Wannenposition PA nach DIN EN SO 6947, Stabelektrode nach DIN EN 499-E 38 2 RR.
Unterbrochene Kehlnaht mit Vormaß	Vorderansicht a n x l (e) 111/ISO 5817-C/ISO 6947-PB/EN 499-E 38 2 RR Draufsicht (nicht möglich)	Unterbrochene Kehlnaht mit Vormaß hergestellt durch Lichtbogenhandschweißen Ordnungs-Nr. 111 (DIN EN 24063), Bewertungsgruppe C nach DIN EN 25817, Horizontalposition PB nach DIN EN ISO 6947, Stabelektrode nach DIN EN 499-E 38 2 HR.

Kurzzeichen und Kennzahlen für Schweißverfahren nach DIN EN 24063 (Auswahl)

Schweißverfahren	Ordnungs-Nr.	Schweißverfahren	Ordnungs-Nr.
Lichtbogenschmelzschweißen	1	Widerstandsschweißen	2
Metall-Lichtbogenschweißen	101	Widerstands-Punktschweißen	21
Lichtbogenhandschweißen	111	Rollennahtschweißen	22
Metall-Lichtbogenschweißen mit Nacktdrahtelektrode	113	Gasschmelzschweißen	3
Metall-Schutzgasschweißen	13	Gasschweißen mit Sauerstoff-Brenngas-Flamme	31
Metall-Inertgasschweißen MIG	131	Gasschweißen mit Sauerstoff-Acetylen-Flamme	311
Metall-Aktivgasschweißen MAG	135	Gasschweißen mit Sauerstoff-Propan-Flamme	312
Wolfram-Schutzgasschweißen	14		
Wolfram-Inertgasschweißen WIG	141		

Beispiel für die Werkstückaufnahme durch Freihandskizzieren

Die Zeichenfolge beim Freihandskizzieren des Haltebockes ist in den Bildern 1 ... 5 schrittweise dargestellt. Sie erfolgt aber in Wirklichkeit nacheinander in einer Darstellung, Bild 5. Das Raumbild des geschweißten Haltebockes ist als Modell zu betrachten.

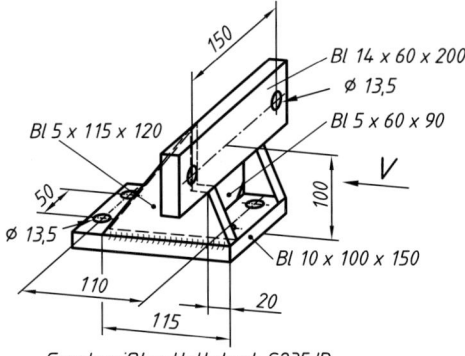

Geschweißter Haltebock S235JR

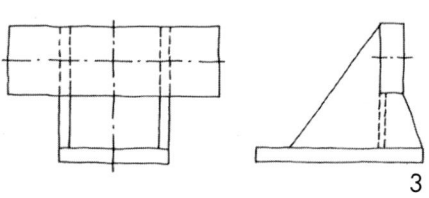

3

3. Skizzieren der beiden Seitenbleche und des Stützbleches mit schmaler Volllinie.

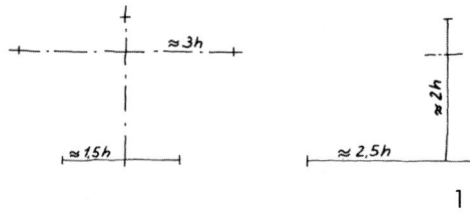

1

1. Wahl der aussagefähigsten Ansicht als Vorderansicht. Festlegen der notwendigen Ansichten A und C, um die Werkstückform eindeutig bestimmen zu können.
Festlegen von Hilfsmaßen für das Aufzeichnen, wobei die Werkstückhöhe mit 2 h angenommen wird und die anderen Maße dazu im Verhältnis aufgezeichnet werden.

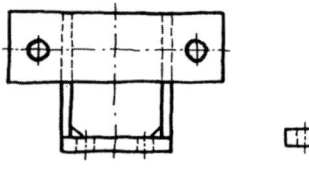

4

4. Skizzieren der Bohrungen, Ausziehen der Körperkanten mit breiter Volllinie.

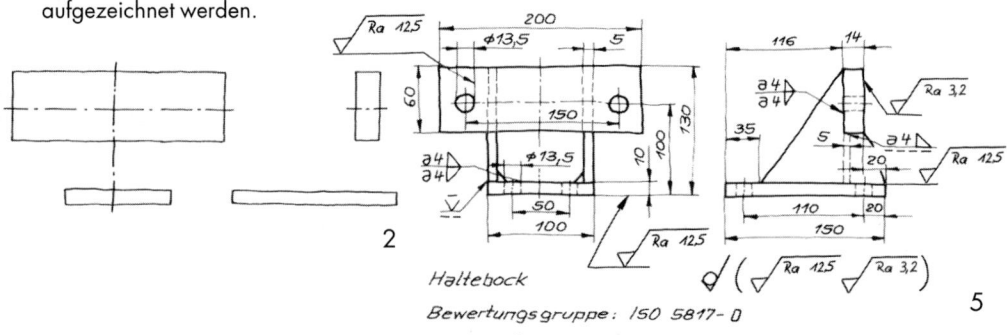

Haltebock

Bewertungsgruppe: ISO 5817- D

Werkstoff: S 235 JR

2

5

2. Skizzieren der Grundplatte und der Lochplatte mit schmaler Volllinie.

5. Einzeichnen der Maß- und Maßhilfslinien
Eintragen der Maße, Oberflächenangaben, Schweißsymbole und Bewertungsgruppen für Kehl- und Stumpfnähte nach DIN EN 25817. Endkontrolle.

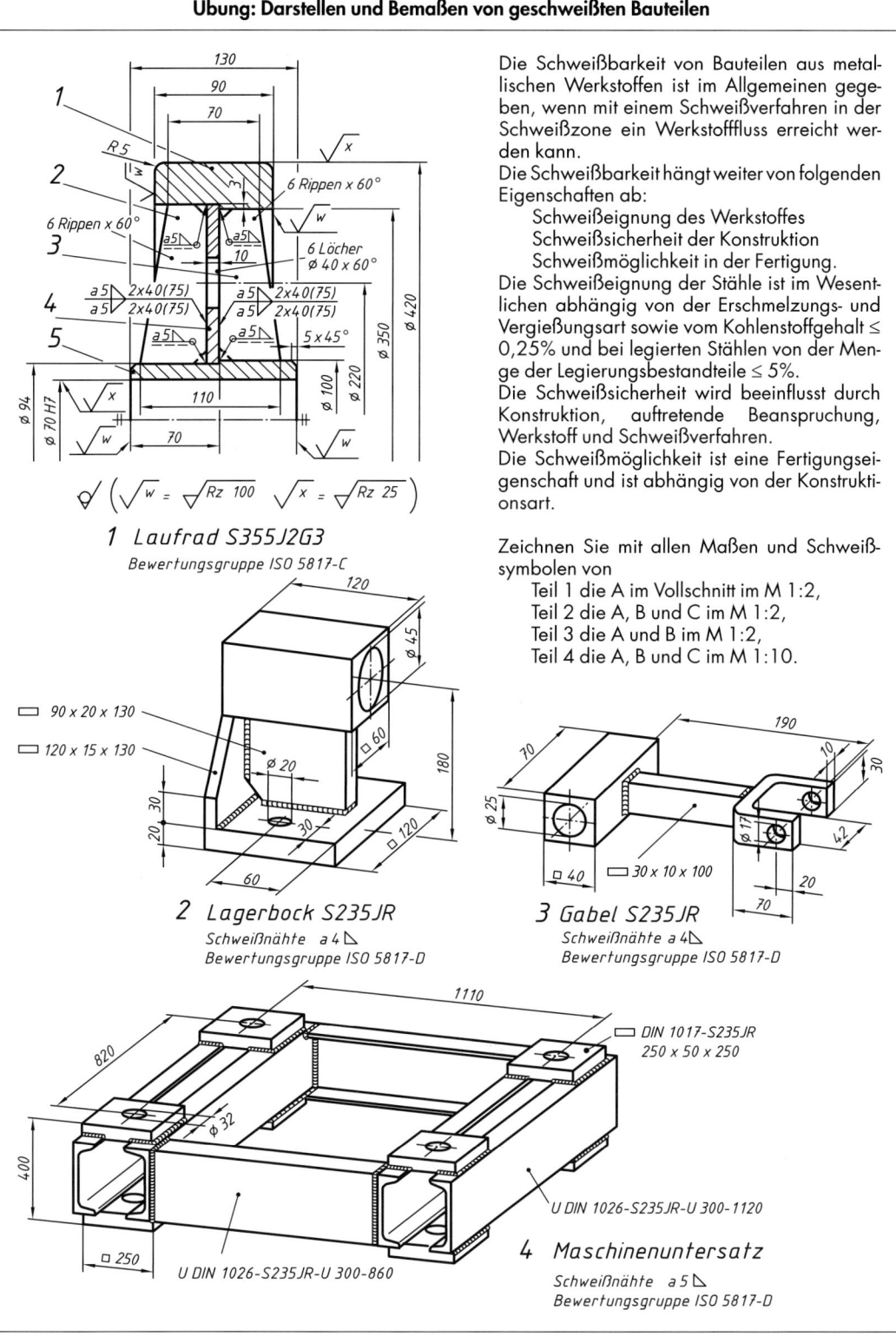

Die Schweißbarkeit von Bauteilen aus metallischen Werkstoffen ist im Allgemeinen gegeben, wenn mit einem Schweißverfahren in der Schweißzone ein Werkstofffluss erreicht werden kann.

Die Schweißbarkeit hängt weiter von folgenden Eigenschaften ab:

Schweißeignung des Werkstoffes
Schweißsicherheit der Konstruktion
Schweißmöglichkeit in der Fertigung.

Die Schweißeignung der Stähle ist im Wesentlichen abhängig von der Erschmelzungs- und Vergießungsart sowie vom Kohlenstoffgehalt ≤ 0,25% und bei legierten Stählen von der Menge der Legierungsbestandteile ≤ 5%.

Die Schweißsicherheit wird beeinflusst durch Konstruktion, auftretende Beanspruchung, Werkstoff und Schweißverfahren.

Die Schweißmöglichkeit ist eine Fertigungseigenschaft und ist abhängig von der Konstruktionsart.

Zeichnen Sie mit allen Maßen und Schweißsymbolen von

Teil 1 die A im Vollschnitt im M 1:2,
Teil 2 die A, B und C im M 1:2,
Teil 3 die A und B im M 1:2,
Teil 4 die A, B und C im M 1:10.

1 Laufrad S355J2G3
Bewertungsgruppe ISO 5817-C

2 Lagerbock S235JR
Schweißnähte a 4
Bewertungsgruppe ISO 5817-D

3 Gabel S235JR
Schweißnähte a 4
Bewertungsgruppe ISO 5817-D

4 Maschinenuntersatz
Schweißnähte a 5
Bewertungsgruppe ISO 5817-D

1.27 Axonometrische Projektionen nach DIN ISO 5456-3

Axonometrische Projektionen sind Parallelprojektionen. Sie geben bei der Darstellung von Körpern in einer Ebene anschauliche Bilder wieder. Zu ihnen zählen die dimetrische und isometrische Projektion. Die dimetrische Projektion hat für die drei Koordinaten zwei Maßstäbe. Sie wird angewendet, wenn in der Vorderansicht Wesentliches gezeigt werden soll.

Die isometrische Projektion hat für alle Koordinaten den gleichen Maßstab. Sie wird angewendet, wenn in allen drei Ansichten Wesentliches gezeigt werden soll, z. B. im Rohrleitungsbau.

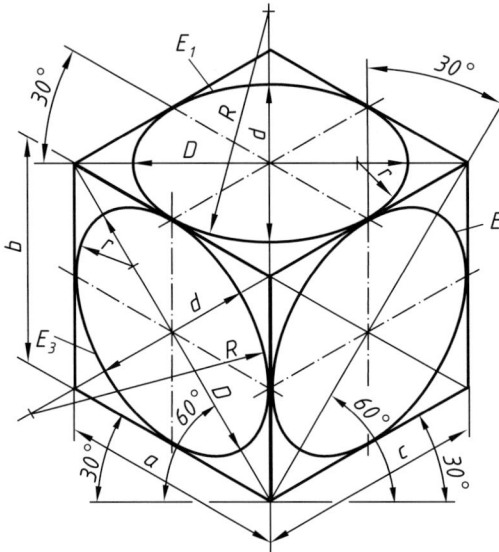

72.1 Isometrisch dargestellter Würfel mit Kreisen in den Würfelflächen

Isometrische Darstellung

Das Seitenverhältnis eines isometrisch dargestellten Würfels ist

a : b : c = 1 : 1 : 1

Der Neigungswinkel zur Waagerechten beträgt jeweils 30°.

Für die Ellipsen E1, E2 und E3 gilt:

Große Ellipsenachse D = 1,22 x a

Kleine Ellipsenachse d = D : 1,7

Die Ellipse E1 in der Deckfläche eines Würfels liegt waagerecht. Die großen Ellipsenachsen in den Seitenflächen bilden mit der Waagerechten Winkel von 60°.

Ellipsenradien R ≈ 1,06 a

r ≈ 0,3 a

Die einzuzeichnenden Viertelkreisbogen werden von den Mittellinien der Körperflächen begrenzt.

Dimetrische Darstellung

Das Seitenverhältnis eines dimetrisch dargestellten Würfels ist

$a : b : c = 1 : 1 : \frac{1}{2}$

Der Neigungswinkel zur Waagerechten beträgt 7° und 42°.

Für die Ellipsen E1 und E2 gilt:

Große Ellipsenachsen D1 = D2 ≈ 1,06 x a

Kleine Ellipsenachse $d1 = d2 \approx \frac{D_1}{3} \approx \frac{D_2}{3}$

Die großen und kleinen Ellipsenachsen stehen aufeinander senkrecht.

Bei E1 liegt die große Ellipsenachse waagerecht, bei E2 ist die große Ellipsenachse D2 um 7° zur Senkrechten geneigt.

Ellipsenradien: R ≈ 1,6 x a; r ≈ 0,6 x a

Die Ellipse E3 in der Würfelvorderfläche ist als Kreis zu zeichnen.

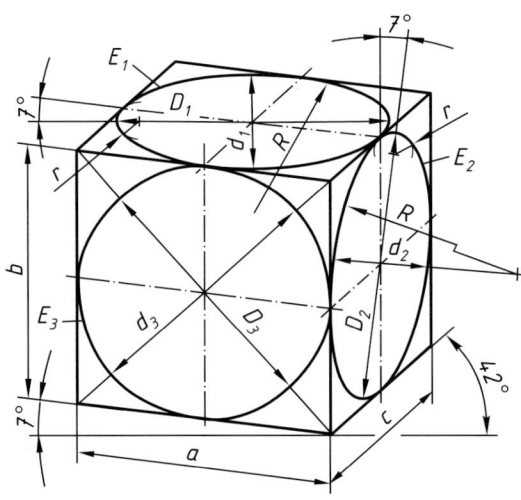

72.2 Dimetrisch dargestellter Würfel mit Kreisen in den Würfelflächen

AUFGABE

Zeichnen Sie einige Werkstücke der Seiten 25 und 53 in dimetrischer und isometrischer Darstellung im M 1:1.

Zeichenschritte bei der dimetrischen Darstellung einer abgesetzten Welle nach technischer Zeichnung

Zeichenschritte

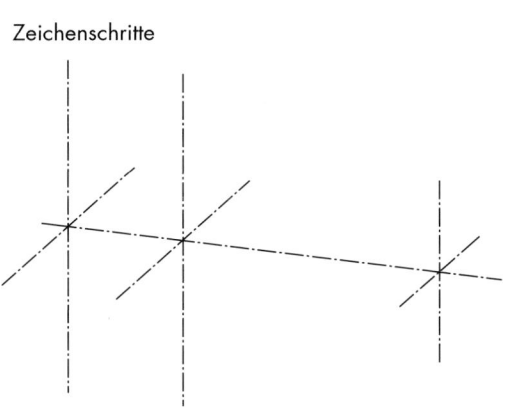 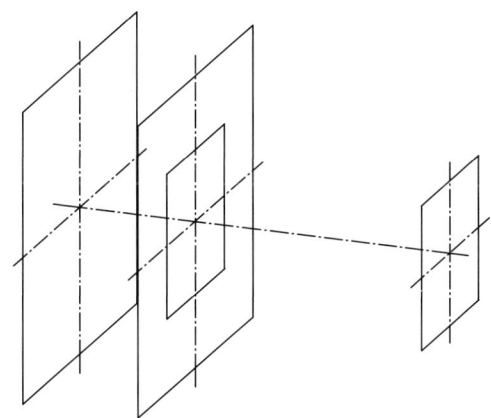

1. Festlegen der Längsachse unter 7° zur Waage-rechten, der drei senkrechten Achsen, der drei unter 42° nach hinten verlaufenden Achsen.

2. Einzeichnen der Hüllparallelogramme mithilfe der Durchmessermaße unter Beachtung der Ver-kürzung der nach hinten verlaufenden Kanten.

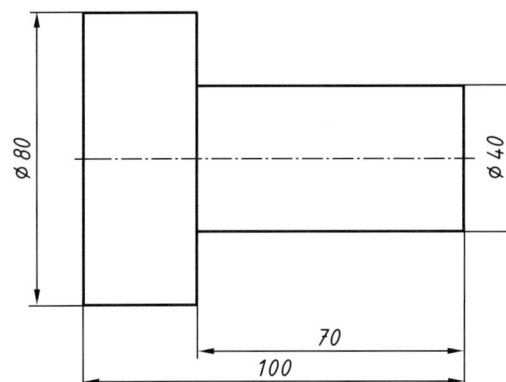

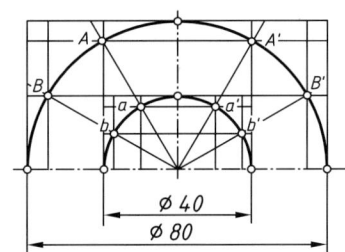

3. Erstellen der Hilfskonstruktion in der Seitenansicht durch Polstrahlen.

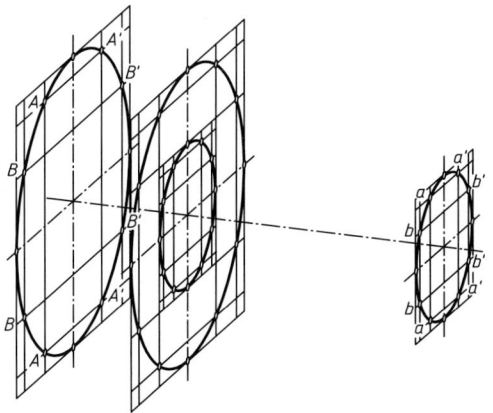

4. Übertragen des Hilfsnetzes mit den Maßen der Hilfskonstruktionen aus Bild 3 in die Hüllparalle-logramme und Einzeichnen der Ellipsen.

5. Einzeichnen der Körperkanten und Ausziehen der Ellipsen.

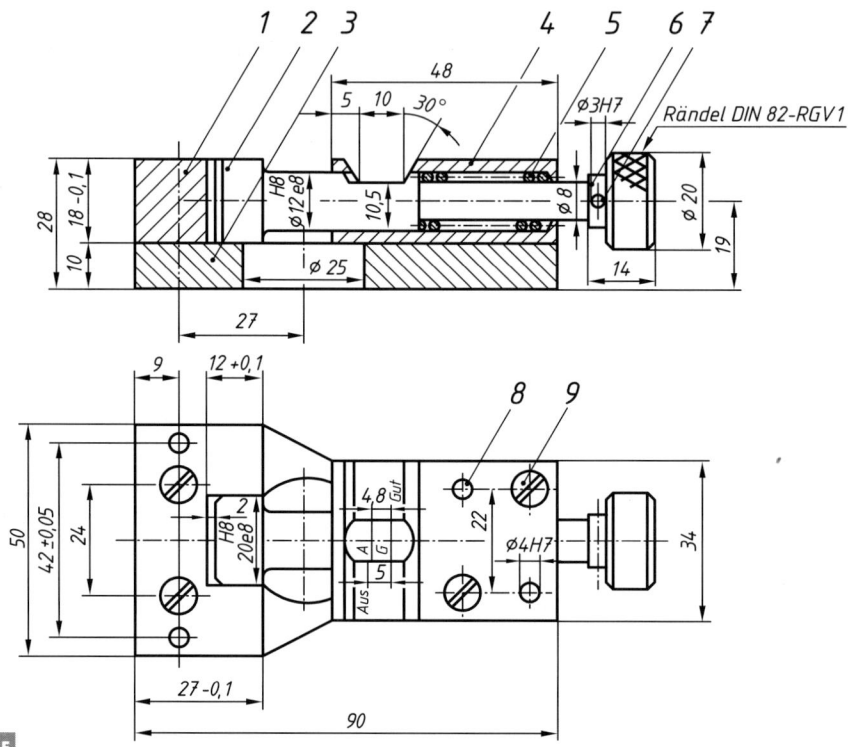

AUFGABE

1. Zeichnungslesen (L), s. Beispiel nächste Seite
2. Auf A3-Blatt im M 1:1 sind zu zeichnen:
2.1 fertigungsgerechte Zeichnungen der Teile 1 ... 6 mit Maßen, Passungen und Oberflächenangaben, fehlende Maße sind zu ergänzen.
2.2 Gruppenzeichnung,
2.3 die Stückliste mit den Teilen 1 ... 9,
2.4 die Passungstabelle mit Pass-, Höchst- und Mindestmaßen aufstellen.

Pos.	Men.	Einh.	Benennung	Sachnr./Norm-Kurzbez.	Werkst.
9	4	Stck	Zylinderschraube	ISO 1207-M4 x 25	5.8
8	4	Stck	Zylinderstift	ISO 2338-A-4 x 28	E335
7	1	Stck	Zylinderstift	ISO 2338-A-3 x 12	E335
6	1	Stck	Knopf		S185
5	1	Stck	Druckfeder 9 Wdg.	DIN 2098-1 x 10 x 26	
4	1	Stck	Führung		E295
3	1	Stck	Grundplatte		E335
2	1	Stck	Messbolzen		E335
1	1	Stck	Anschlag		E335

Verantwortl. Abt.	Technische Referenz	Erstellt durch	Genehmigt von	
		Dokumentenart		Dokumentenstatus
		Titel, Zusätzlicher Titel		
		Prüflehre	Änd. Ausgabedatum Spr.	Blatt

1. **Gruppenzeichnung**: Beispiel „Prüflehre" Seite 74.

1.1 Informationen aus Schriftfeld und Stückliste
Beim Lesen einer Gruppenzeichnung entnimmt man aus dem Schriftfeld die Benennung der Baugruppe, die zugehörige Zeichnungsnummer und die Herstellfirma. Aus der Stückliste sind von jedem Einzelteil ersichtlich: Position, Menge, Einheit, Benennung, Sachnummer/Norm-Kurzbezeichnung, Werkstoff, Gewicht kg/Einheit, Bemerkung.

1.2 Formerfassung der Einzelteile
Die Einzelteile sucht man jeweils anhand der Stückliste in der Gruppenzeichnung auf. Aus den Ansichten, Schnittdarstellungen und Sinnbildern, wie Gewinde, Federn usw., erkennt man ihre Form und Anordnung zueinander.

1.3 Funktion und Aufgabe der Baugruppe
Aus den Einzelfunktionen der Teile ergibt sich die Gesamtfunktion und damit die Aufgabe der Baugruppe.

Bei der Prüflehre drückt der federbelastete Messbolzen gegen das Werkstück in der Aussparung des Anschlages. Aus der Lage der Kennmarken des Messbolzens zu der Lage der Kennmarken der Führung ist die Maßhaltigkeit des Werkstückes sogleich ersichtlich, Prüfmaß 2 – 0,2.

Der beim Prüfen durch die Druckfeder entstehende Kraftfluss wird über die Grundplatte 3 und die Führung 4 geschlossen.

2. **Teilzeichnung**: Beispiel „Anschlag", Teil 1.

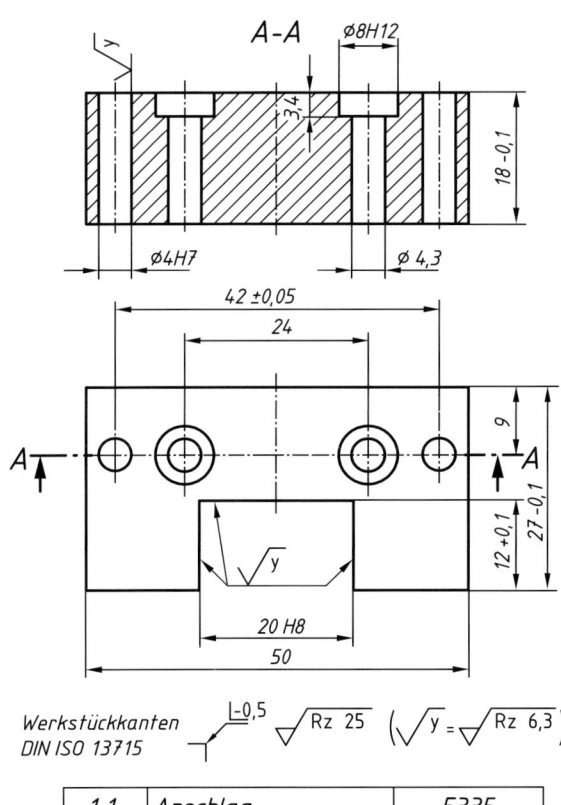

Werkstückkanten
DIN ISO 13715

1:1	Anschlag	E335
M	Benennung	Werkstoff

2.1 Informationen aus Schriftfeld und Stückliste
Als Teil 1 ist ein Anschlag aus dem Werkstoff E 335 mit den Rohmaßen 52 x 20 x 28 zu fertigen.

2.2 Zeichnerische Darstellung
Der Anschlag ist in der Teilzeichnung im M 1:1 in der A als Schnitt (Schraffur) und in der B dargestellt. Aus diesen Ansichten sind Form, Maße, Toleranzen und Oberflächenangaben eindeutig zu erkennen.

2.3 Funktion und Aufgabe
Der Anschlag dient beim Prüfen der Werkstückdicke zum Anlegen des Werkstückes und zur Führung des Messbolzenendes. Daher ist der Anschlag mittig auf der Grundplatte, Teil 3, verschraubt und verstiftet.

Aus der A und B mit den Hauptmaßen 50 x 18-0,1 x 27-0,1 ist der Anschlag als Rechteckplatte zu erkennen. In der Vorderfläche der A liegt mittig eine durchgehende rechteckförmige Aussparung 20H8 x 12+0,1, deren Form die B zeigt. Aus den nicht schraffierten Flächen und den Ø-Zeichen in der A im Schnitt sowie den zugehörigen Kreisen in der B sind die beiden außen liegenden Durchgangslöcher Ø 4H7 für Zylinderstifte ISO 2338-A-4 x 28 (siehe Stückliste der Prüflehre Seite 74) zu erkennen, ähnlich die beiden innen liegenden Durchgangslöcher Ø 4,3 mit Schraubensenkung 0 Ø8H12, 3,4 tief, Zylinderschrauben ISO 1207-M4 x 25 (Stückliste) und deren Lage.

Die Lage der vier Löcher von der Bezugsebene beträgt 9 mm, die Lochmittenabstände, bezogen auf die senkrechte Mittellinie, betragen für die Schraubensenkungen 24 mm und bei den Durchgangslöchern Ø 4H7 für die Zylinderstifte 42±0,05 mm.

Voraussetzung für ein genaues Prüfen ist die Einhaltung der vorgeschriebenen Passmaße für die Aussparung 20H8, für die Stiftlöcher Ø 4H7 und für die Lochabstände 42±0,05 mm.

Ermitteln Sie die bei der Fertigung einzuhaltenden Höchst- und Mindestmaße dieser Passmaße. Bei allen übrigen Maßen ohne Toleranzangaben sind die Grenzabmaße nach DIN ISO 2768 mittel einzuhalten.

2.4 Werkstoff

E 335 ist Stahl mit einer Streckgrenze von 335 N/mm^2 und einer für den Verwendungszweck ausreichenden Härte.

2.5 Oberflächenangaben sind vereinfacht eingetragen

Alle Werkstückflächen sollen eine mittlere Rautiefe Rz ≤ 25 μm besitzen mit Ausnahme der Flächen, die durch die Oberflächenangabe Rz 6,3 gekennzeichnet sind.

Eine mittlere Rautiefe Rz ≤ 25 μm wird durch eine spanende Schlichtbearbeitung und eine mittlere Rautiefe Rz ≤ 6,3 μm durch eine Feinschlichtbearbeitung erreicht.

2.6 Fertigung

Die Einzelfertigung erfolgt durch Fräsen bzw. Hobeln der Außenflächen und Aussparung, durch Bohren, Reiben und Senken der Löcher sowie durch Entgraten der Außenkanten.

Schriftfelder nach DIN EN ISO 7200 und Stücklisten nach DIN 6771-2

Die Firmen des Maschinenbaus richten sich im Allgemeinen bei der Gestaltung der Schriftfelder für technische Produktdokumentationen nach DIN EN ISO 7200 und für Stücklisten nach DIN 6771-2. Die technischen Zeichnungen erhalten ein Schriftfeld. Es wird im Abstand von je 5 mm von den Blattkanten so angeordnet, dass es nach dem Falten der Zeichnung auf DIN A4 sichtbar in der unteren Ecke erscheint. Aus organisatorischen Gründen und im Hinblick auf die maschinelle Datenverarbeitung sowie die wirtschaftliche Erstellung der Dokumentationen legt DIN EN ISO 7200 für alle Benutzer die gleichen Datenfelder fest. Datenfelder sind begrenzte Gebiete, die für bestimmte Daten verwendet werden. In der DIN EN ISO 7200 wurde die Anzahl der Datenfelder in Schriftfeldern auf ein Mindestmaß begrenzt. Wenn nötig dürfen die Datenfelder z.B. für Maßstab, Projektionssymbol, Toleranzen und Oberflächenangabe außerhalb des Schriftfeldes angegeben werden.

Verantwortl. Abt. ABC 1	Technische Referenz Eva Musterfrau	Erstellt durch Max Mustermann	Genehmigt von Paul Muster		
Gesetzlicher Eigentümer (z.B. Firma, Gesellschaft, Unternehmen)		Dokumentenart Zusammenbauzeichnung	Dokumentenstatus freigegeben		
		Titel, Zusätzlicher Titel Grundplatte mit Halter	ABC 123 456-8		
			Änd. A	Ausgabedatum 2005-03-06	Spr. de	Blatt 1

76.1 *Grundschriftfeld für technische Produktdokumentationen nach DIN EN ISO 7200*

Die Stücklisten nach DIN 6771-2 sind das Verzeichnis der Einzelteile einer Baugruppe oder eines ganzen Erzeugnisses. Stücklisten werden entweder in der Gruppen- oder Hauptzeichnung auf das Schriftfeld aufgesetzt oder wegen der besseren Datenverarbeitbarkeit als getrennte (lose) Stücklisten auf A4-Format untergebracht.

Nach DIN 6771-2 werden zwei Stücklistenformen unterschieden: die Form A und B. Die Form A hat das Format A4 hoch und die Form B das Format A4 quer. Aufbau und Inhalt dieser Stückliste sind der DIN 6771-2 zu entnehmen.

Zeichenfolge bei der Anfertigung der Teilzeichnung: Anschlag

1. Festlegen der zu zeichnenden Ansichten:
A im Schnitt und B, Maßstab 1:1, Zeichenblatt A4.
Feststellen des Platzbedarfs für Schriftfeld Ansicht A und B.
Aufteilen der Zeichenfläche (Zeichenblatt A4)

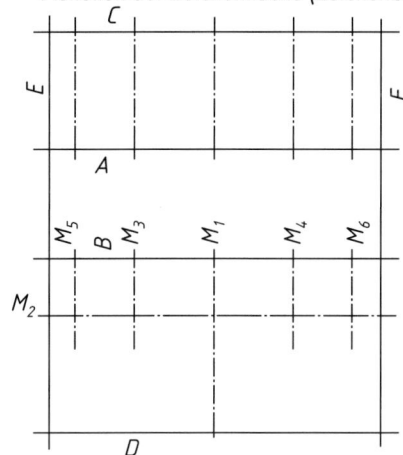

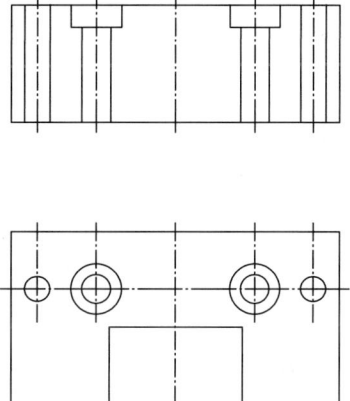

2. Entwerfen der A mit den Maßbezugslinien A und C, der B mit B und B, der waagerechten Mittellinie M2, der senkrechten Mittellinien in A und B: M1, je M3 und M4, M5 und M6 sowie der seitlichen Begrenzungslinien C und F für A und B.

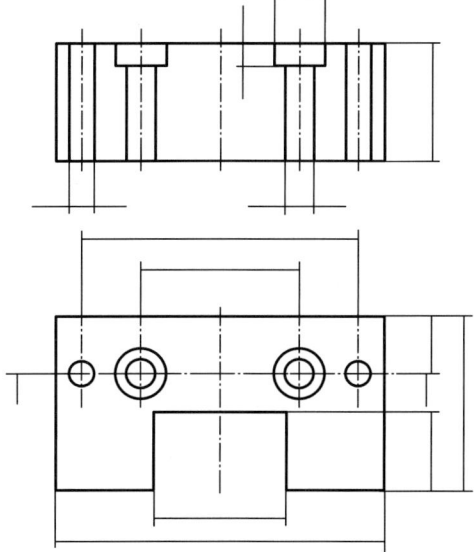

3. Zeichnen der zwei Schraubensenk- und zwei Stiftlöcher sowie des Ausschnittes 20 x 12 mm in der B.

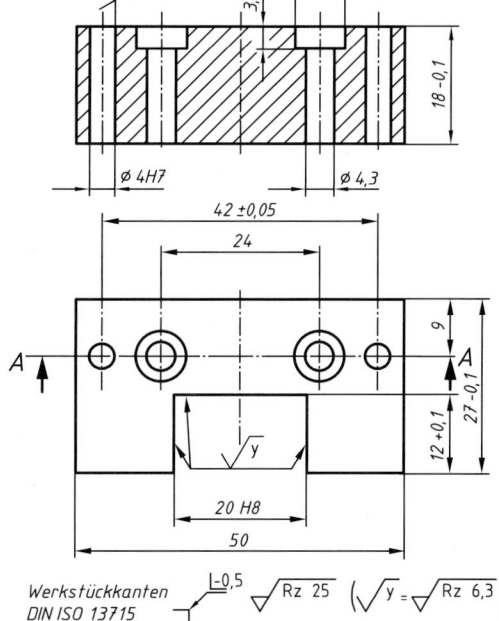

4. Radieren und Prüfen des Entwurfes. Ausziehen mit Liniengruppe 0,5 mm. Zeichenfolge: Kreise, waagerechte und senkrechte Linien von oben nach unten und von links nach rechts ausziehen.
Zeichnen der Maßhilfs- und Maßlinien.

5. Eintragen der Maßpfeile, Maßzahlen Schraffur, der Schnittkennzeichnung, Angabe „Werkstückkanten DIN ISO 13715", der Teilnummer und Oberflächenangaben sowie Ausfüllen des Schriftfeldes.
Endüberprüfung.

Zeichenfolge bei der Anfertigung der Gruppenzeichnung: Prüflehre

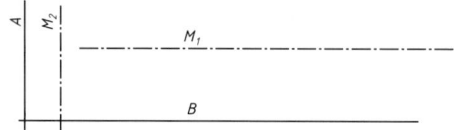

1

2

1. Vorüberlegungen
   Erforderliche Ansichten sind die A im Schnitt und die B, Maßstab 1:1,
   Platzbedarf erfordert ein A4-Blatt
   Blattaufteilung für die A und die B sowie für Schriftfeld und Stückliste.

2. Zeichenfolge 1
   Zeichnen der Maßbezugslinien A und B sowie der Mittellinie M2 in der A und der Maßbezugslinie C in der B als schmale Volllinien, in der A und B die Mittellinie M1 sowie in der B die Achsenkreuze für die vier Stiftbohrungen und die vier Schraubenlöcher zeichnen.

3. Zeichenfolge 2
   In der A und B die Grundplatte Teil 3, den Anschlag Teil 1, den Messbolzen Teil 2 und die Führung Teil 4 mit dem Knopf Teil 6 in schmaler Volllinie entwerfen, in der A die Druckfeder sowie in der B die 4 Zylinderstifte Teil 8 und die Zylinderschrauben Teil 9 zeichnen.

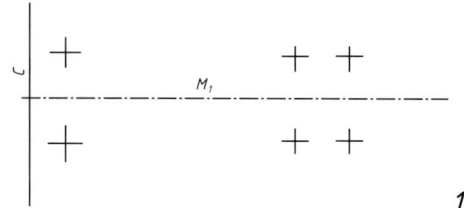

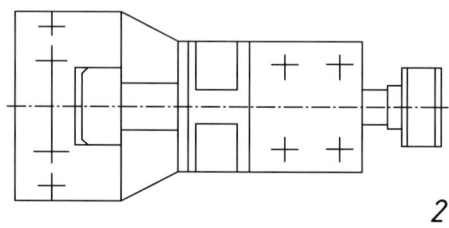

3

4

4. Zeichenfolge 3
   Nach Überprüfen des Entwurfs diesen mit der Liniengruppe 0,5 bzw. 0,7 in Tusche systematisch ausziehen.

5. Zeichenfolge 4
   Zeichnen der Maßhilfs- und Maßlinien für Haupt- bzw. Baumaße, Eintragen der Maßpfeile, Maßzahlen und der Messkennzeichnung,
   Einzeichnen der Schraffurlinien in der A, Teil-Nummern 1 ... 9 mit Bezugslinie im Uhrzeigersinn eintragen,
   Schriftfeld und Stückliste anfertigen und ausfüllen, Endkontrolle.

2.2 Gesamtbehandlung der Baugruppe: Mitlaufende Körnerspitze

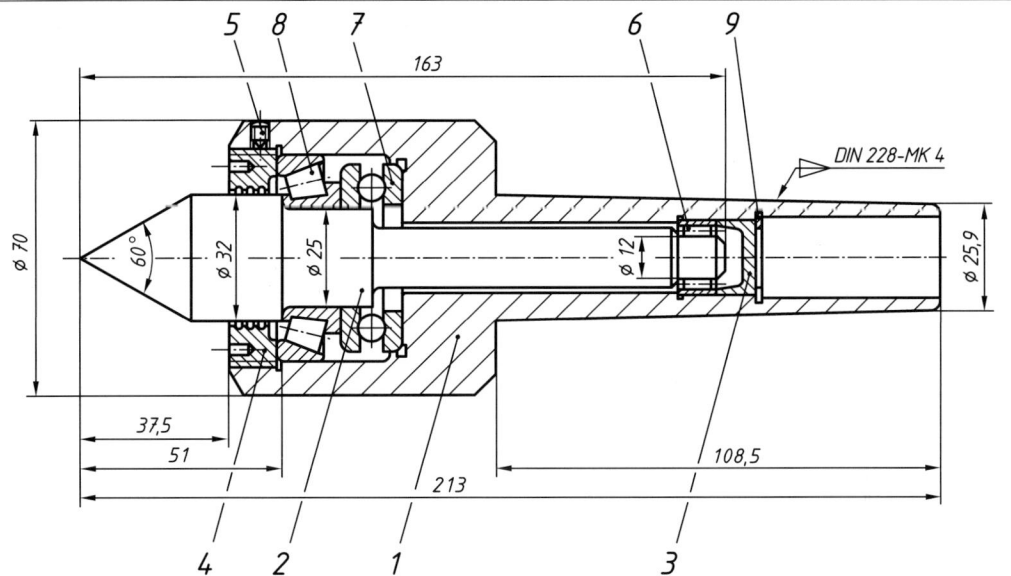

Eine mitlaufende Körnerspitze dient zum Spannen langer Werkstücke zwischen Spitzen, wobei die Reibung an der Einspannstelle erheblich verringert wird.

Sie hat eine axiale Belastung aus Einspannkraft und Vorschubkraft und eine radiale Belastung durch Werkstückgewicht und radiale Schnittkraft aufzunehmen. Dabei muss sie das Werkstück axial und radial genau führen.

Die Axialkraft nimmt ein Axialrillenkugellager auf. Die radiale Führung erfolgt durch ein Kegelrollenlager. Mithilfe der Einstellmutter 4 wird die Lagerung spielfrei eingestellt. Auf der Gegenseite ist ein Nadellager als Loslager eingebaut.

Die mitlaufende Körnerspitze hat Fettschmierung und wird nur durch einen Spalt mit Fettrillen abgedichtet.

1 L: Lesen der Gruppenzeichnung, Erfassen der Einzelteile und Erkennen der Funktion der mitlaufenden Körnerspitze, wobei axiale und radiale Kräfte durch entsprechende Wälzlager spielfrei aufgenommen werden müssen.

2Ü:

2.1 Welchen Vorteil hat die mitlaufende Körnerspitze gegenüber einer festen?

2.2 Welche Wälzlageranordnung wurde gewählt?

2.3 Wie erfolgt das spielfreie Einstellen der Wälzlager?

2.4 Durch welche Maßnahme können an der Körnerspitze hohe Flächenpressungen aufgenommen werden?

2.5 Was verstehen Sie unter der Angabe DIN 228-MK4?

2.6 Wie erfolgt die Aufnahme der Körnerspitzen in der Pinole des Reitstockes, s. auch S. 92.

3 Z: Zeichnen Sie auf einem A2-Blatt im M 1:1 die Gruppenzeichnung in der A im Schnitt sowie die Einzelteile außer Normteilen, und stellen Sie die Stückliste auf. Fehlende Maße sind entsprechend frei zu wählen.

Pos.	Men.	Einh.	Benennung	Sachnr./Norm-Kurzbez.	Werkst.
9	1	Stck	Sicherungsring	DIN 472-18 x 1	
8	1	Stck	Kegelrollenlager	DIN 720-30205	
7	1	Stck	Axial-Rillenkugellager	DIN 711-51205	
6	1	Stck	Nadellager	DIN 618-12 x 16 x 10	
5	1	Stck	Gewindestift	ISO 7434-M4 x 8	5.6
4	1	Stck	Verschlussdeckel		C 15 E
3	1	Stck	Fixierscheibe		C 15 E
2	1	Stck	Spitze		20MnCr5
1	1	Stck	Körper		C 45

Verantwortl. Abt.	Technische Referenz	Erstellt durch		Genehmigt von	
		Dokumentenart		Dokumentenstatus	
		Titel, Zusätzlicher Titel			
		Mitlaufende Körnerspitze	Änd.	Ausgabedatum	Spr.	Blatt

Gleitlager dienen zur Lagerung von Achsen und Wellen. Man unterscheidet Radiallager für die Aufnahme von Querkräften und Axiallager zur Aufnahme von Längskräften sowie kombinierte Radial-Axiallager, die zumeist als Festlager Verwendung finden.

Die Achsen und Wellen laufen mit Gleitreibung unter Öl-, Fett- oder Feststoffschmierung in Lagerschalen oder Lagerbuchsen. Im Idealfall liegt bei Gleitlagern Flüssigkeitsreibung vor, wobei die Achse oder Welle auf einem Ölfilm schwimmt und keine metallische Berührung mit dem Lager mehr stattfindet, sodass die Lebensdauer fast unbegrenzt ist. Die Schmierschicht wirkt schwingungs- und geräuschdämpfend, sodass Gleitlager im Allgemeinen ruhiger laufen als Wälzlager. Gleitlager sind einfach aufgebaut und können geteilt ausgeführt werden, was den Ein- und Ausbau der Achsen und Wellen erleichtert.

Als Lagerwerkstoff finden wegen der guten Verschleiß- und Notlaufeigenschaften Bronze (CuSn, CuSnPb) Rotguss (CuSnZn), Weißmetall (SnPbSb), Sintermetall, Sondermessing und Grauguss Verwendung. Verbundlager ersparen wertvollen Gleitlagerwerkstoff, da die Stützschalen aus GG, GS oder St und nur die innere Laufschicht aus Gleitlagerwerkstoff besteht.

Als einfach genormte Schmiervorrichtungen sind für Öl Einschraub- oder Einschlagöler und für Fett Staufferbüchsen, Kugel- oder Kegelschmiernippel zu nennen.

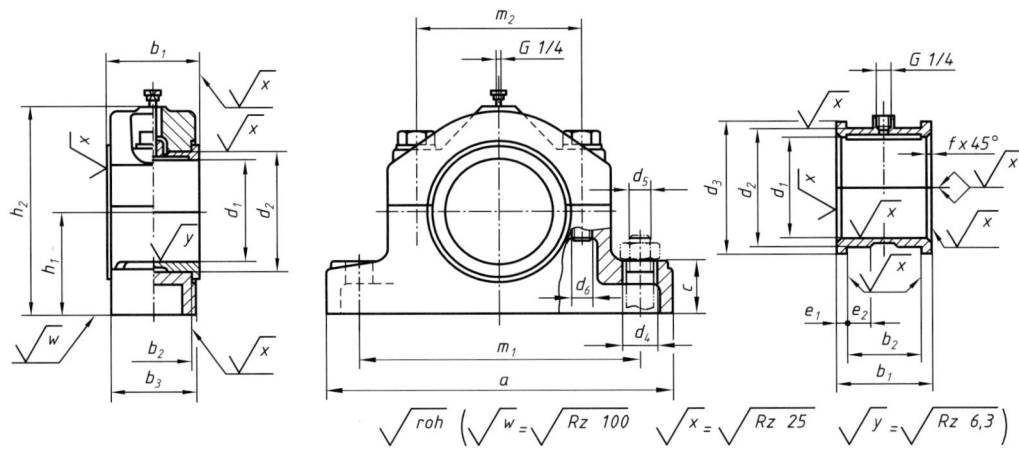

D1 / D10	a	b₁ (0 / −0,3)	b₂ (0 / −0,1)	b₃	c	d₂ (K7)	d₃	d₄	d₅	d₆	e₁	e₂	f	h₁ (±0,2)	h₂ (max.)	m₁ (GTB 16)	m₂
25 / 30	165	45	35	40	22	35 / 40	45 / 50	15	M 12	M 10	8		0,6	40	85	125	65
35 / 40	180	50	40	45	25	45 / 50	55 / 60	15	M 12	M 10	10		0,6	50	100	140	75
45 / 50	210	55	45	50	30	55 / 60	65 / 70	19	M 16	M 12	12	5	0,8	60	120	160	90
55 / 60	225	60	50	55	35	65 / 70	75 / 80	19	M 16	M 12	14	5	0,8	70	140	175	100
(-65) / 70	270	65	53	60	40	80 / 85	95 / 100	24	M 20	M 16	15	6	1	80	160	210	120
(-75) / 80	290	75	63	70	45	90 / 95	105 / 110	24	M 20	M 16	20	6	1	90	180	230	130

Aufgaben

AUFGABE ZU 2.3 (SEITE 80)

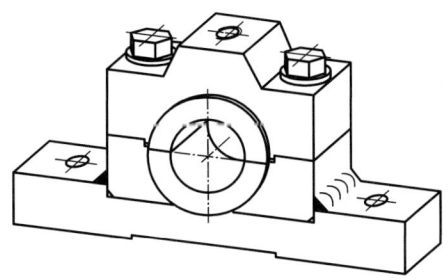

1 L: Lesen der Gruppenzeichnung und Erkennen der Funktion des Deckellagers.

2 Ü:

2.1 Nennen Sie Vor- und Nachteile von Wälz- und Gleitlagern.

2.2 Welche Arten der Gleitlager sind Ihnen bekannt?

2.3 Welcher Betriebszustand ist bei einem Gleitlager der günstigste?

2.4 Welche Lagerwerkstoffe werden bei Gleitlagern verwendet?

2.5 Welche Schmiermittel finden Anwendung und wie wird geschmiert?

3 Z: Konstruieren Sie auf einem A2-Blatt im M 1:1 ein Deckellager nach DIN 505 in Schweißkonstruktion, wie nebenstehende Abbildung zeigt, wobei die Lagerschalen des genormten Lagers verwendet werden sollen,

3.1 die Gruppenzeichnung in A und C mit Hauptmaßen,

3.2 Ober- und Unterteil aus Fertigungszeichnungen mit allen Angaben. Werkstoff S 275 JR,

3.3 die zugehörigen Lagerschalen als Fertigungszeichnungen mit allen Angaben.

Werkstoff CuSn 12 Pb nach DIN ISO 4381.

AUFGABE ZU 2.4 (SEITE 82)

1 L: Lesen der Gruppenzeichnung und Erkennen der Funktion der Treibstange.

2 Ü:

2.1 Wie ist das Rohteil der Treibstange zweckmäßigerweise zu fertigen?

2.2 Warum werden als Treibstangen Gleitlager verwendet?

2.3 Sollte die Keilverbindung in der Treibstange selbsthemmend sein?

2.4 Wie erfolgt die Befestigung der Lagerschalen in der Treibstange?

2.5 Welche Arten der Schraubensicherung kennen Sie?

3 Z: Zeichnen Sie die Treibstange Teil 1 in der A und B als Fertigungszeichnung, wobei nicht angegebene Maße entsprechend zu wählen sind.

2.4 Gesamtbehandlung der Baugruppe: Treibstange mit nachstellbaren Gleitlagern

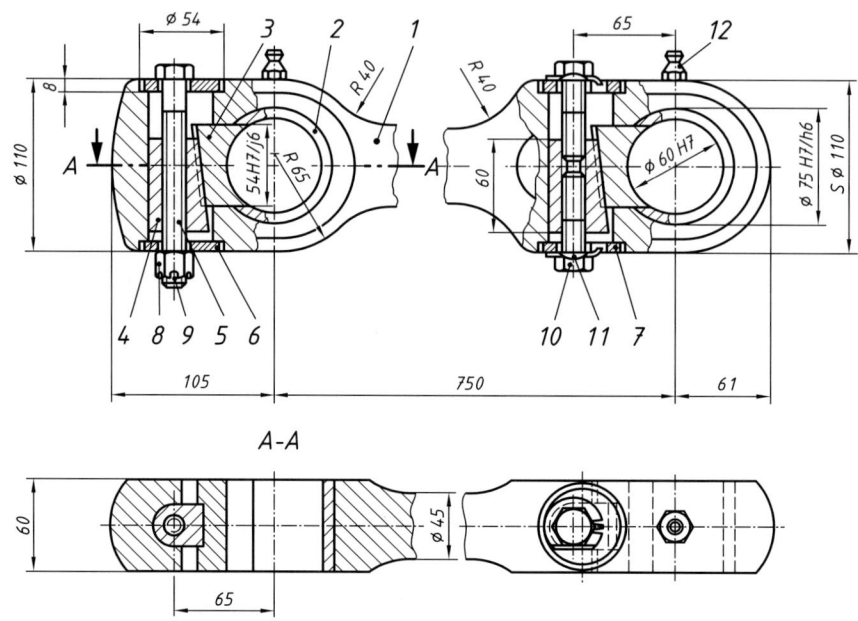

A-A

Die Treibstange ist das Verbindungselement zwischen dem druckluftbetriebenen Kolben und dem Exzenterbolzen des Schwungrades eines Förderhaspels, um eine hin- und hergehende Bewegung in eine drehende umzusetzen.

Die beiden Lagerstellen sind als nachstellbare Gleitlager ausgebildet. Gleitlager können im Unterschied zu Wälzlagern stoßartige Belastungen günstiger aufnehmen. Um diese stoßartigen Belastungen gering zu halten, muss das Lagerspiel durch Nachstellen so gering wie möglich gehalten werden.

Das Nachstellen des Lagerspiels erfolgt über ein keilförmiges Lagersegment 3, das von einem Stellkeil über Sechskantschrauben nachgestellt wird. Diese sind gegen selbsttätiges Lockern gesichert. Es ist Fettschmierung vorgesehen.

12	2	Stck	Kegel-Schmiernippel	DIN 714 12 AM8 x 1	St
11	2	Stck	Scheibe	DIN 432-17	St
10	2	Stck	Sechskantschraube	ISO 4017-M16 x 50	5.6
9	1	Stck	Splint	ISO 1234-4 x 35	St
8	1	Stck	Kronenmutter	DIN 979-M16	5
7	2	Stck	Scheibe		S275JR
6	2	Stck	Scheibe		S275JR
5	1	Stck	Sechskantschraube	ISO 4017-M16 x 130	5.6
4	2	Stck	Stellkeil		E295
3	2	Stck	Lagersegment		CuSn12Pb
2	2	Stck	Buchse		CuSn12Pb
1	1	Stck	Treibstange		E295
Pos.	Men.	Einh.	Benennung	Sachnr./Norm-Kurzbez.	Werkst.

Verantwortl. Abt.	Technische Referenz	Erstellt durch		Genehmigt von	
		Dokumentenart		Dokumentenstatus	
		Titel, Zusätzlicher Titel			
		Treibstange mit nach- *stellbaren Gleitlagern*	Änd.	Ausgabedatum	Spr.	Blatt

Einteilung der Kupplungen

Kupplungen sind Wellenverbindungen und übertragen Drehmomente, z. B. zwischen einem Elektromotor und einem Getriebe. Man unterscheidet im Hinblick auf die dauernde und zeitweilige Wellenverbindung nicht schaltbare und schaltbare Kupplungen.

Nicht schaltbare Kupplungen können
> starr sein, z. B. die Scheibenkupplungen nach DIN 116 und die Schalenkupplungen nach DIN 115, oder ausgleichend wirken bei axialen, radialen und winkligen Wellenverlagerungen oder elastisch sein, um Schwingungen und Drehmomentenstöße zu dämpfen.

Schaltbare Kupplungen können wie folgt unterteilt werden:
> fremdbetätigt, z. B. als Einscheibenkupplung beim Kraftfahrzeug oder als Lamellenkupplung in einem Werkzeugmaschinengetriebe,
> drehzahlbetätigt als Fliehkraftkupplung bei Anlaufvorgängen,
> momentbetätigt als Sicherheitskupplung, um bei Überlastung die Wellenverbindung zu unterbrechen, z. B. als Rutschkupplung,
> richtungsbetätigt als Freilaufkupplung, z. B. beim Fahrrad.

Für die Auswahl einer Kupplung ist das zu übertragende Drehmoment in Nm und die geforderte Betriebsweise maßgebend.

Scheibenkupplungen nach DIN 116

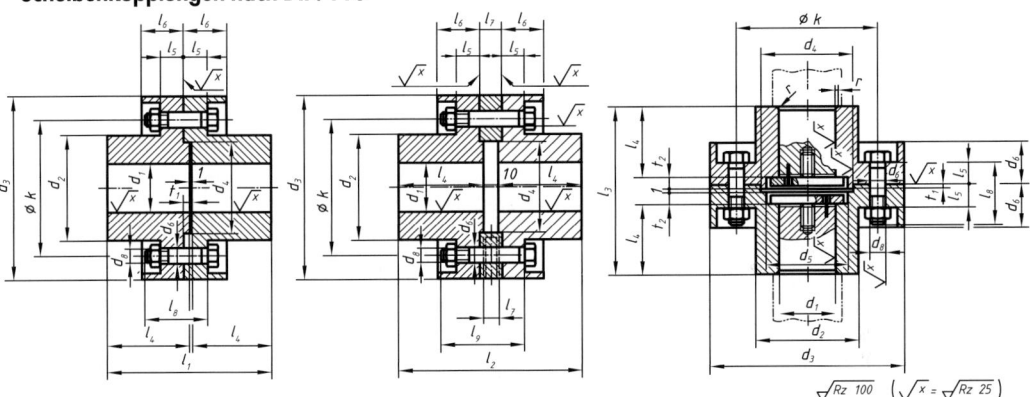

$\sqrt{Rz\ 100}$ $\left(\sqrt{x} = \sqrt{Rz\ 25}\right)$

d_1 N7	d_2	d_3	d_4 H7 h8	d_5	d_6 H7	k	l_1	l_2	l_3	l_4	l_5	l_6	r	t_2	Sechskant-Pass-schrauben DIN 609 für Form d_8 M	A u. C l_8	B l_9	An-zahl	übertrag-bares Dreh-mo-ment	Dreh-zahl min^{-1} max.
25	58	125	50	45		90	101	110	117	50			1,6	8		45	60		46,2	2120
30	58	125	50	45		90	101	110	117	50				8		45	60		87,5	2120
35	72	140	65	55	11	100	121	130	141	60	16	31	2	10	10	45	60	3	150	2000
40	72	140	65	55	11	100	121	130	141	60				10					236	2000
45	95	160	75	65		125	141	150	169	70	18	34	3	14		50	65		355	1900
50	95	160	75	65		125	141	150	169	70				14					515	1900
55	110	180	90	75	13	140	171	180	203	85	18	37	3	16	12	50	70	4	730	1800
60	110	180	90	75	13	140	171	180	203	85				16					975	1800
70	130	200	100	85	13	160	201	210	233	100	23	41	4	18		60	80	6	1700	1700
80	145	224	115	95		180	221	230	261	110	23	41	4	20		60	80	6	2650	1600

Übung:

Zeichnen Sie je auf ein A4-Blatt im M 1:1 als Gruppenzeichnung eine Scheibenkupplung DIN 116 – A50 sowie B50 in der A im Schnitt, und stellen Sie eine Stückliste auf, s. S. 84.

2.6 Gesamtbehandlung der Baugruppe: Elastische Kupplung

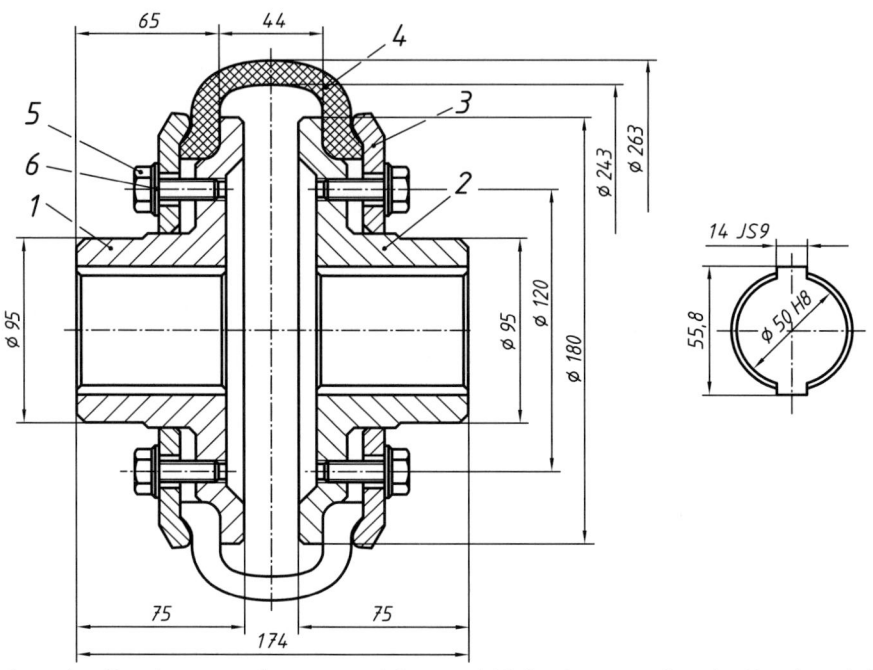

Bei hochelastischen Kupplungen wird vorwiegend Gummi als Verbindung zwischen den Kupplungshälften verwendet. Diese Kupplungen besitzen eine hohe Stoß- und Schwingungsdämpfung. Sie sind im Allgemeinen allseitig beweglich, d. h. längs-, quer- und winkelnachgiebig und können daher radiale, winklige und auch geringe axiale Wellenverlagerungen ausgleichen. Zu dieser Kupplungsart zählt die Periflex-Kupplung. Sie besitzt einen Gummireifen mit bogenförmigem Querschnitt, der über geschraubte Druckringe mit den Kupplungsflanschen verbunden ist. Zum leichteren Ein- und Ausbau ist der Gummireifen senkrecht zum Umfang geteilt.

1. L: Lesen der Gruppenzeichnung, Erfassen der Einzelteile und Erkennen der Funktion der Periflex-Kupplung.

2 Ü:

2.1 Welche Aufgaben haben Wellenkupplungen?

2.2 Nach welchen Gesichtspunkten können die Kupplungen unterteilt werden?

2.3 Wie erfolgt die Kraft- bzw. Drehmomentenübertragung von der Welle auf die Kupplung und welche Verbindungsarten werden hierbei angewendet?

2.4 Wie erfolgt der Ein- und Ausbau der Periflex-Kupplung?

2.5 Begründen Sie die Werkstoffwahl für die Teile 1, 2 und 3.

3 Z: Zeichnen Sie auf einem A2-Blatt im M 1:2 die Gruppenzeichnung im Schnitt mit einem Teil der Seitenansicht sowie die Teile 1 und 3 in der A im Schnitt und in der C als Fertigungszeichnungen, und stellen Sie die Stückliste auf.

Fehlende Maße sind entsprechend zu wählen.

6	16	Stck	Scheibe	ISO 7089-13	St
5	16	Stck	Sechskantschraube	ISO 4017-M12 x 30	5.6
4	1	Stck	Gummireifen		Buna
3	2	Stck	Druckring		GE260
2	1	Stck	Kupplungshälfte		EN-GJL-250
1	1	Stck	Kupplungshälfte		EN-GJL-250
Pos.	Men.	Einh.	Benennung	Sachnr./Norm-Kurzbez.	Werkst.

Verantwortl. Abt.	Technische Referenz	Erstellt durch	Genehmigt von		
		Dokumentenart		Dokumentenstatus	
		Titel, Zusätzlicher Titel			
		Periflex-Kupplung		Änd. Ausgabedatum	Spr. Blatt

Pos.	Men.	Einh.	Benennung	Sachnr./Norm-Kurzbez.	Werkst.
8	3	Stck	Scheibe	DIN 125-A-8,4	E295
7	1	Stck	Sechskantmutter	ISO 4032-M8	5
6	2	Stck	Sechskantschraube	ISO 4014-M8 x 15	5.6
5	1	Stck	Sechskantschraube	ISO 4014-M8 x 45	5.6
4	1	Stck	Kreuzscheibe		Pressstoff
3	1	Stck	Versteller		Al Mg Si
2	1	Stck	Kupplungshälfte (Motorseite)		E335
1	1	Stck	Kupplungshälfte (Pumpenseite)		E335

Verantwortl. Abt. | Technische Referenz | Erstellt durch | Genehmigt von

Dokumentenart | Dokumentenstatus

Titel, Zusätzlicher Titel
Kupplung für Einspritzpumpe

And. | Ausgabedatum | Spr. | Blatt

1 L: Lesen der als Raumbilder dargestellten Einzelteile der Kupplung für Einspritzpumpe nach Form, Maßen und Werkstoffen sowie Erkennen ihrer Funktion innerhalb der Baugruppe.

Die Kupplung dient zum Antrieb der Einspritzpumpe an einem Dieselmotor. Sie ist zum Ausgleich von Wellenverlagerungen als Kreuzscheibenkupplung ausgeführt und ermöglicht ein Verstellen des Einspritzbeginns.

Diese Darstellung der Kupplung für den Zusammenbau wird als Spreng- bzw. Explosionszeichnung bezeichnet.

2 Ü:

2.1 Zu welcher Kupplungsart zählt die Kreuzscheibenkupplung?

2.2 Wie erfolgt bei dieser Kupplung der Ausgleich der axialen und radialen Wellenverlagerung?

2.3 Wie kann an dieser Kupplung durch Winkelverstellung der Einspritzbeginn der Pumpe verstellt werden?

2.4 Wie erfolgt die Übertragung des Drehmomentes zwischen der Welle und den beiden Kupplungshälften?

3 Z: Konstruieren Sie auf einem A3-Blatt im M 1:1

3.1 die zusammengebaute Kupplung in der A im Halbschnitt mit Stückliste,

3.2 die Einzelteile außer Normteilen mit allen Maßen, Oberflächenangaben und Passungen, und zwar die Teile 1 und 2 in A und C im Schnitt, Teil 3 in A und B im Halbschnitt und Teil 4 in A.

⊳ DIN 254 - 1,6, D = ⌀ 20
Passfedernut 4 x 2
SW 32 - DIN 4.75

kegelige Bohrung ⌀ 1,6 durchgehend

Zentrierbund ⌀ 40 x 2

M 8

2.8 Gesamtbehandlung der Baugruppe: Schnellwechselfutter

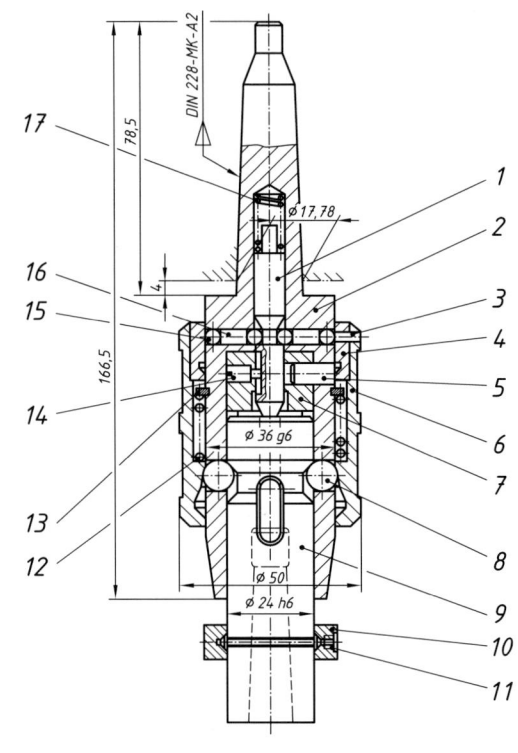

Das Schnellwechselfutter dient zur Aufnahme von Werkzeugen für die Durchführung einer Folgebearbeitung wie Bohren, Senken, Reiben und Gewindeschneiden. Es erlaubt einen raschen Wechsel der Werkzeugeinsätze mit den Werkzeugen.

Der Wechsel der Werkzeugeinsätze erfolgt bei laufender Werkzeugmaschine durch kurzes Anheben der Schiebehülse 4. Hierbei wird der Auswerferbolzen 1 frei, wodurch der Einsatz aus dem Futterkörper ausgestoßen wird. Da der Einsatz in der Futterbohrung noch geführt wird, kann er gefahrlos herausgezogen werden.

1 L: Lesen der Gruppenzeichnung und Erkennen der Funktion des Schnellwechselfutters.

2 Ü:

2.1 Welche Vorteile bringt der Einsatz des Schnellwechselfutters in der Fertigung?

2.2 Welche Funktion hat der Haltering 10?

2.3 Geben Sie für die Maße Ø 36, Ø 24 entsprechende Passungen aus der Auswahl nach DIN 7157 an.

2.4 Begründen Sie die Werkstoffwahl für die verschiedenen Einzelteile.

3 Z: Zeichnen Sie auf einem A3-Blatt im M 1:1 einige Einzelteile als Fertigungszeichnungen mit allen Angaben.

Pos.	Men.	Einh.	Benennung	Sachnr./Norm-Kurzbez.	Werkst.
17	1	Stck	Druckfeder	DIN 2076-B-1 x 163 A	Draht SB
16	2	Stck	Arretierstift	3,9 x 7,8	E295+C
15	4	Stck	Kugel	DIN 5401-4 mm III	
14	1	Stck	Gewindestift	ISO 7435-M 5 x 10	5.6
13	1	Stck	Laufring		C 60
12	1	Stck	Druckfeder	DIN 2076-B-2 x 745	Draht SB
11	23	Stck	Kugel	DIN 5401-3,175 mm III	
10	1	Stck	Haltering		C 15
9	1	Stck	Einsatz		90 MN V8
8	2	Stck	Kugel	DIN 5401-8,5 mm III	
7	1	Stck	Mitnehmereinsatz		90 Mn V8
6	1	Stck	Schiebehülse		90 Mn V8
5	2	Stck	Mitnehmerstift	ISO 2338-B-6 x 12	E335+C
4	1	Stck	Schiebehülseneinsatz		90 Mn V8
3	1	Stck	Zylinderstift	ISO 2338-B-3 x 6	St
2	1	Stck	Futterkörper		16 Mn Cr 5
1	1	Stck	Auswerferbolzen		90 Mn V8

Verantwortl. Abt.	Technische Referenz	Erstellt durch	Genehmigt von	
		Dokumentenart	Dokumentenstatus	
		Titel, Zusätzlicher Titel		
		Schnellwechselfutter	Änd.	Ausgabedatum	Spr.	Blatt

2.9 Gesamtbehandlung der Baugruppe: Absperrventil

Das Durchgangs-Absperrventil hat eine Nennweite von 40 mm (DN 40) und ist für einen Nenndruck von 16 bar (PN 16) ausgelegt.

Beim Betätigen des Ventils wird über das Handrad 3 die Ventilspindel 6 gedreht und damit beim Öffnen der Kolben 4 aufwärts bewegt, wobei in der Laterne 5 die Durchbrüche für den Durchfluss freigegeben werden.

Die Abdichtung von Kolben und Laterne erfolgt über zwei Ventilringe, die über den Aufsatz 2 und die Stiftschrauben 9 zusammengepresst werden.

Pos.	Men.	Einh.	Benennung	Sachnr./Norm-Kurzbez.	Werkst.
11	1	Stck	Fächerscheibe	DIN 6798-A 13	F - St
10	5	Stck	Skt.-Mutter	ISO 4032-M12	5
9	4	Stck	Stiftschraube	DIN 938-M12 x 40	5.6
8	2	Stck	Ventilring	KLN 1006 58/40 x 16	Kor. P
7	1	Stck	Hubbuchse	JSK 708A 24/17 x 16	1.4301
6	1	Stck	Spindel		9S20K
5	1	Stck	Laterne		EN-GJL-250
4	1	Stck	Kolben		1.4 122
3	1	Stck	Handrad		EN-GJL-250
2	1	Stck	Aufsatz		EN-GJL-250
1	1	Stck	Gehäuse		EN-GJL-250

Titel, Zusätzlicher Titel: Durchgangs-Absperrventil PN 16 DN 40

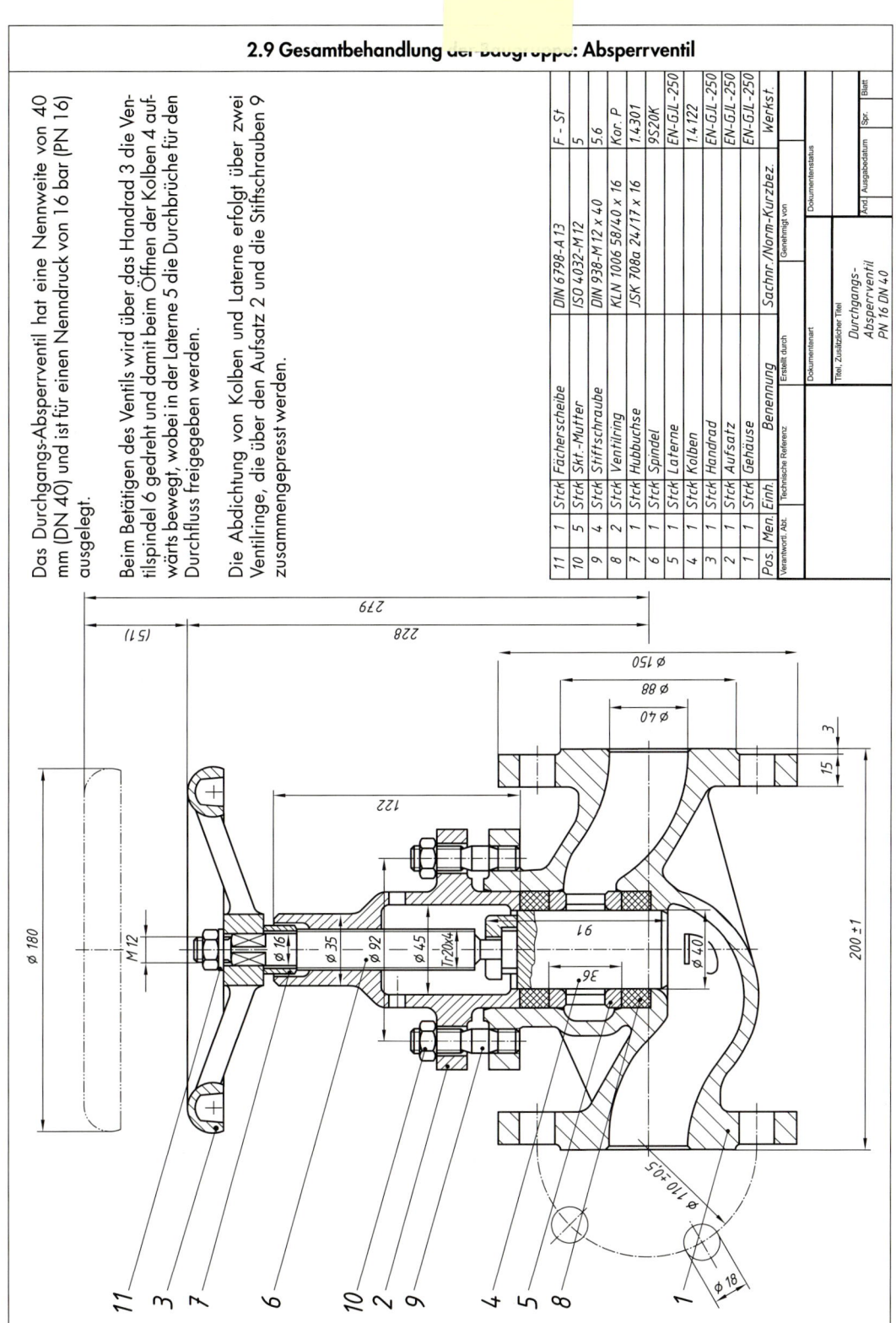

1 L: Lesen der Gruppenzeichnung und Erkennen der Funktion des Ventils.

2 Ü:

2.1 Beschreiben Sie die Demontage und Montage des Ventils bei der Erneuerung der Ventilringe 8 als Dichtungen.

2.2 Wie kann das Ventil nachgedichtet werden?

2.3 Wie ist die zweckmäßige Durchflussrichtung des Ventils?

2.4 Wie groß ist die Druckkraft vom Kolben auf die Ventilspindel, wenn das Ventil geöffnet ist und der Flüssigkeitsdruck 16 bar beträgt?

2.5 Warum wurde für die Gewindespindel 16 ein Trapezgewinde gewählt, und wie verläuft der Kraftfluss?

3 Z: Zeichnen Sie im M 1:2 die Gruppenzeichnung des Ventils im Schnitt oder wahlweise einige Einzelteile als Fertigungszeichnungen, wobei fehlende Maße entsprechend zu wählen sind.

1 L: Lesen der Fertigteilzeichnung und Erfassen der Form des Ventilgehäuses

2 Ü:

2.1 Suchen Sie die einzelnen Schnitte in den entsprechenden Ansichten auf, und veranschaulichen Sie sich dabei die Form des Ventilgehäuses.

2.2 Was sagt Ihnen die Werkstoffangabe GG 25?

2.3 Warum muss beim Gießen des Ventilgehäuses auf eine gute Kernlagerung geachtet werden?

2.4 An welchen Stellen des Ventilgehäuses sind Bearbeitungszugaben vorzusehen?

3 Z: Zeichnen Sie auf einem A2-Blatt im M 1:1 das Ventilgehäuse als Fertigteilzeichnung mit allen Maßen und erforderlichen Oberflächenangaben wie diese Seite zeigt.

Absperrventil

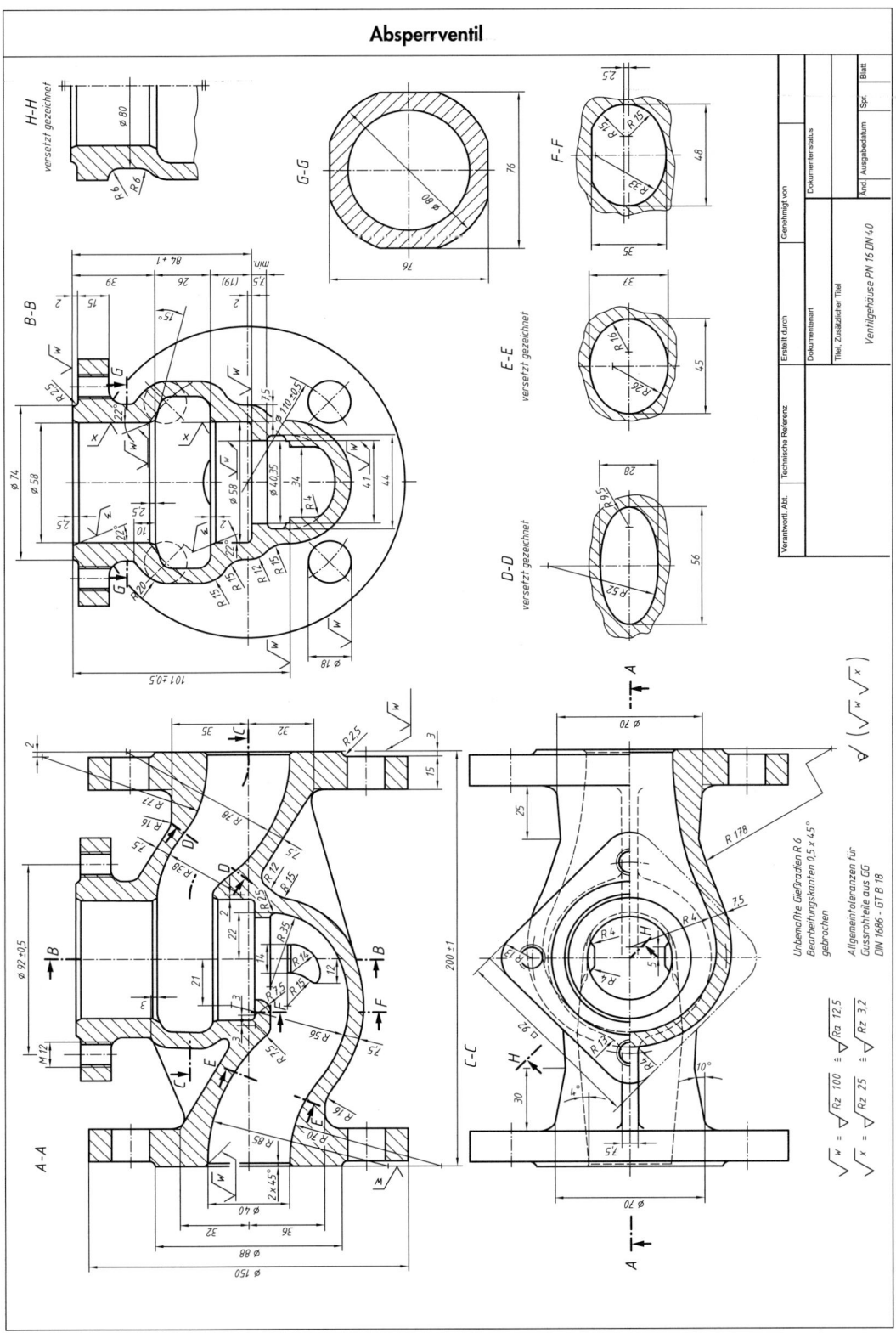

89

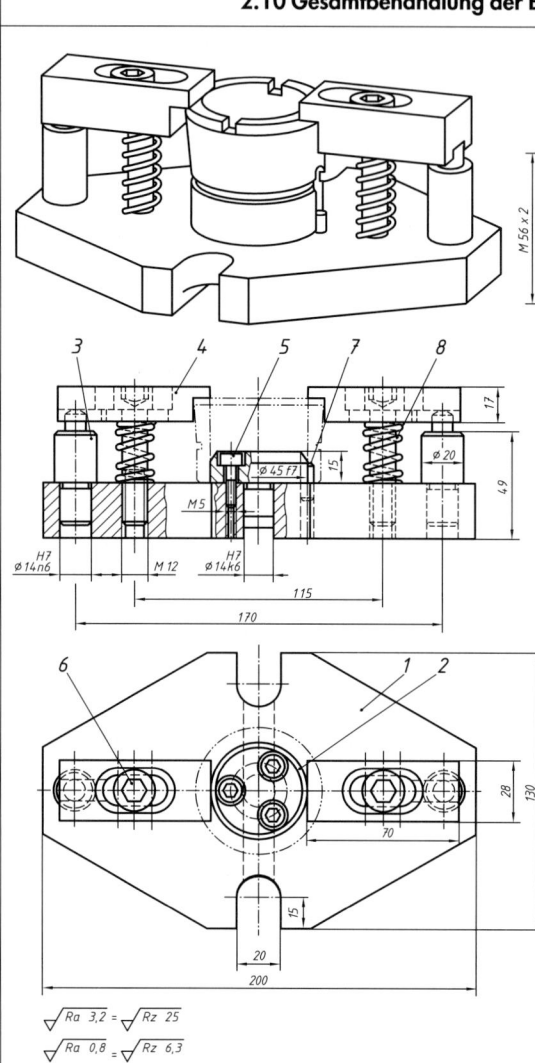

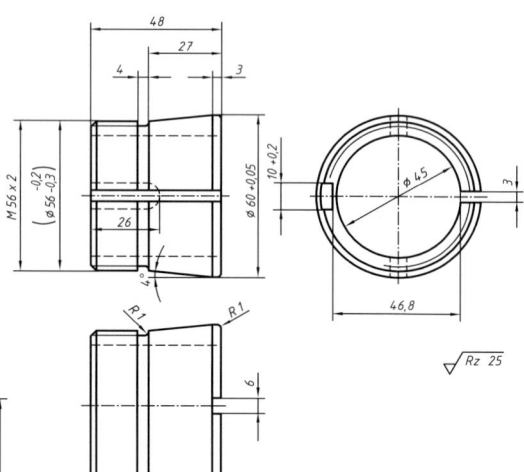

Die Fräsvorrichtung dient zum Spannen einer Spannbuchse für das Fräsen der Nut 6 x 3. Die Lage der nicht geschlitzten Spannbuchse in der Vorrichtung wird bestimmt durch einen Zentrierbolzen für die Bohrung Ø 45 und einen Zylinderstift für die Außennut 10 breit. Das Spannen des Werkstückes in der Vorrichtung erfolgt über Spanneisen.

1 L: Lesen der Gruppenzeichnung und Erkennen der Funktion der Fräsvorrichtung.

2 Ü:

2.1 Welche Aufgaben haben Spannvorrichtungen?

2.2 Welche Vorteile bringt der Einsatz von Spannvorrichtungen in der Fertigung?

2.3 Wodurch erfolgt bei dieser Fräsvorrichtung das Bestimmen der Lage des Werkstückes zum Werkzeug?

2.4 Welche Aufgabe hat die Druckfeder 8?

3 Z: Zeichnen Sie im M 1:1 auf einem A2-Blatt die Fräsvorrichtung als Gruppenzeichnung sowie die Einzelteile, außer Normteilen, als Fertigungszeichnungen mit Stückliste.

Werkstück-Spannvorrichtungen sind Betriebsmittel für die Fertigung. Sie dienen zum Bestimmen der Lage und zum Spannen des Werkstückes und in manchen Fällen auch zum Führen des Werkzeuges, z.B. eines Bohrers durch eine Bohrbuchse. Diese Vorrichtungen haben die Aufgabe, die Werkstücke schnell und fehlerfrei in eine arbeitsgerechte Lage zu bringen und dort zu spannen. Ihre Benennung erfolgt nach dem Fertigungsverfahren. Werkstück-Spannvorrichtungen verkürzen die Nebenzeiten durch Fortfall des Anreißens, Körnens und Messens und beim Mehrstückspannen auch die Hauptzeiten. Sie gewährleisten eine höhere Maßgenauigkeit der Werkstücke und damit ihre Austauschbarkeit.

8	2	Stck	Druckfeder	DIN 2098-2,5 x 16 x 27,5	F.St.
7	1	Stck	Zylinderstift	ISO 2338-A-6 x 20	St
6	1	Stck	Zylinderschraube	DIN EN ISO 4762-M 12 x 55	8.8
5	3	Stck	Zylinderschraube	DIN EN ISO 4762-M5 x 20	8.8
4	2	Stck	Spanneisen		E335
3	2	Stck	Widerlager		20MnCr5
2	1	Stck	Zentrierbolzen		20MnCr5
1	1	Stck	Grundkörper		E295
Pos.	Men.	Einh.	Benennung	Sachnr./Norm-Kurzbez.	Werkst.
Verantwortl. Abt.		Technische Referenz	Erstellt durch	Genehmigt von	
			Dokumentenart		Dokumentenstatus
			Titel, Zusätzlicher Titel		
			Fräsvorrichtung		Änd. Ausgabedatum Spr. Blatt

2.11 Gesamtbehandlung der Baugruppe: Bohrvorrichtung

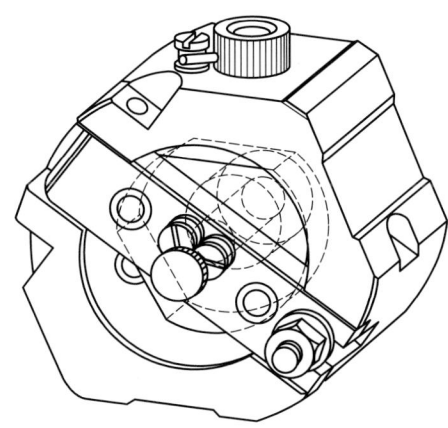

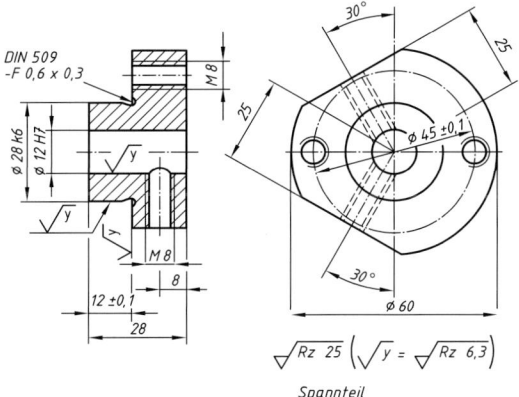

$$\sqrt{Rz\ 25}\ \left(\sqrt{}y\ =\ \sqrt{Rz\ 6,3}\right)$$

Spannteil

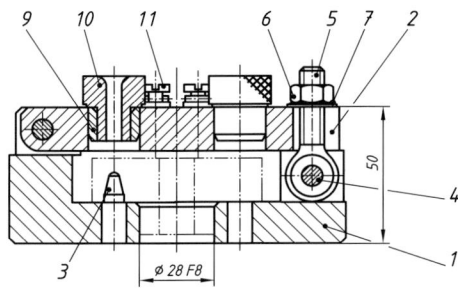

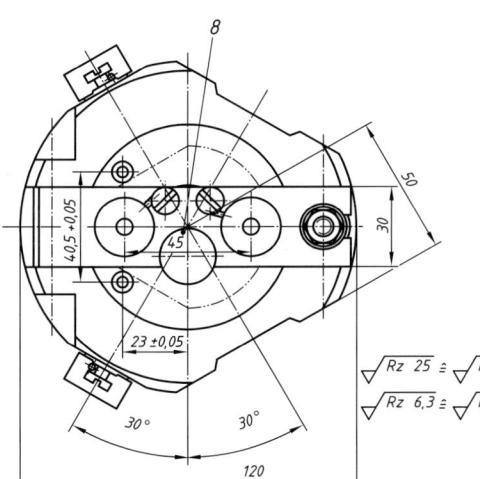

$$\sqrt{Rz\ 25} \triangleq \sqrt{Ra\ 3,2}$$
$$\sqrt{Rz\ 6,3} \triangleq \sqrt{Ra\ 0,8}$$

Die Bohrvorrichtung dient zum Spannen eines Spannteils für das Bohren von Gewindekennlöchern mithilfe von Steckbohrbuchsen und zum anschließenden Gewindeschneiden.

Die Lage des Werkstückes in der Vorrichtung wird bestimmt durch eine Zentrierbohrung und zwei Stifte. Vor dem Bohren bzw. Gewindeschneiden wird die Bohrvorrichtung in die jeweilige Arbeitslage gebracht.

1 L: Lesen der Gruppenzeichnung und Erkennen der Funktion der Bohrvorrichtung.

2 Ü:

2.1 Wodurch erfolgt bei dieser Bohrvorrichtung das Bestimmen der Lage des Werkstückes?

2.2 Wie erfolgt das Spannen des Werkstückes in der Vorrichtung?

2.3 Welche Aufgaben haben die Bohrbuchse 9 und die Bundschraube 11?

2.4 Begründen Sie die Außenform der blockartigen Vorrichtung.

3 Z: Zeichnen Sie im M 1:1 auf ein A2-Blatt die Bohrvorrichtung als Gruppenzeichnung sowie die Einzelteile, außer Normteilen, als Fertigungszeichnungen mit Stückliste.

11	4	Stck	Bundschraube	DIN 173-M5	5.8
10	4	Stck	Steckbohrbuchse	DIN 173-A 6,5 x 12	St
9	2	Stck	Bohrbuchse	DIN 179-A 12 x 12	St
8	1	Stck	Rändelschraube	DIN 464-M5 x 35	5.8
7	1	Stck	Scheibe	ISO 7089-8,4	St
6	1	Stck	Sechskantmutter	ISO 4032-M8	5
5	1	Stck	Augenschraube	DIN 444-BM8 x 40	5.6
4	2	Stck	Zylinderstift	ISO 2338-A-8 x 50	St
3	2	Stck	Zylinderstift	ISO 2338-A-8 x 25	St
2	1	Stck	Lasche		E295
1	1	Stck	Grundkörper		E295
Pos.	Men.	Einh.	Benennung	Sachnr./Norm-Kurzbez.	Werkst.
Verantwortl. Abt.		Technische Referenz	Erstellt durch		Genehmigt von
			Dokumentenart		Dokumentenstatus
			Titel, Zusätzlicher Titel		
			Bohrvorrichtung		Änd. Ausgabedatum Spr. Blatt

Schnellspannende Bohrvorrichtungen nach DIN 6348 ermöglichen das Bohren verschiedenartiger Werkstücke durch jeweiliges Einbauen einer Aufnahmeplatte mit den Bestimmteilen und der entsprechenden Bohrplatte mit den Bohrbuchsen. Ihr Einsatz ist wirtschaftlicher als der von Einzweckbohrvorrichtungen.

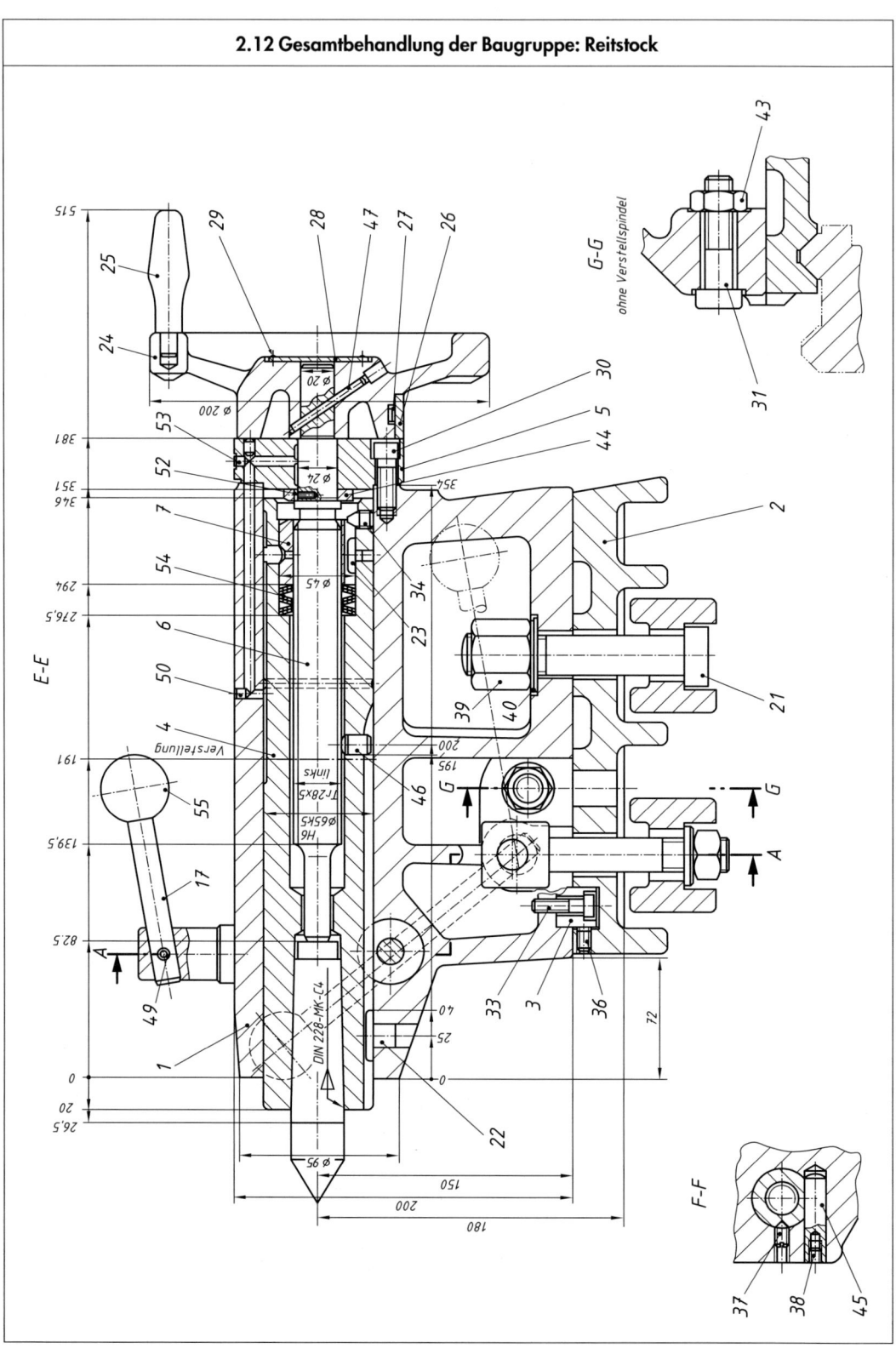

92

Reitstock

Der Reitstock einer Drehmaschine dient zum Spannen von langen Werkstücken zwischen den Spitzen, zum Aufnehmen von Bohrern für das Aufbohren von Werkstücken, sowie durch seitliches Verschieben des Reitstockes zum Drehen schlanker Kegel.

Der Reitstock kann, auf dem Drehmaschinenbett von Hand längs verschoben, durch Hebel 16 und Exzenterwelle 15 festgeklemmt und mit der Schraube 21 und Mutter 39 festgespannt werden. Die Pinole 4 nimmt die Körnerspitze auf und kann über Handrad 24 und Gewindespindel längs verschoben werden. Mithilfe des Tellerfederpaketes 54 kann über das Handrad eine Vorspannung auf das eingespannte Werkstück aufgebracht werden. Die Pinole lässt sich durch den Hebel 17 im Reitstock festklemmen. Durch Lösen der Innensechskantschrauben 32 ist ein geringfügiges seitliches Verschieben des Reitstockes möglich.

1 L: Lesen der Gruppenzeichnung und Erkennen der einzelnen Funktionen des Reitstockes.

2 Ü:

2.1 Welche Aufgaben hat der Reitstock einer Drehmaschine?

2.2 Wie erfolgt das Feststellen des Reitstockes auf dem Drehmaschinenbett nach dem Längsverschieben?

2.3 Wie kann die fest eingespannte Körnerspitze aus der Pinole entfernt werden?

2.4 Erklären Sie die Pinolenfeststellung im Reitstock!

2.5 Welche Aufgabe hat das Tellerfederpaket in der Pinole?

2.6 Wie erfolgt die Schmierung der verstellbaren Pinole?

2.7 Wie groß ist das Drehmoment an der Exzenterwelle 15, wenn eine maximale Handkraft von 200 N am Hebel 16 mit einer wirksamen Länge von 180 mm aufgebracht wird?

3 Z: Zeichnen Sie die Einzelteile 4, 5, 6 und 7 der Pinolenverstellung ohne Handrad 24 mit allen erforderlichen Angaben normgerecht auf ein A2-Blatt.

Zeichnen Sie die Rohteilzeichnung für den Reitstockkörper, der durch Gießen hergestellt werden soll, im M 1:2 auf ein A2-Blatt mit allen erforderlichen Ansichten und Schnitten.

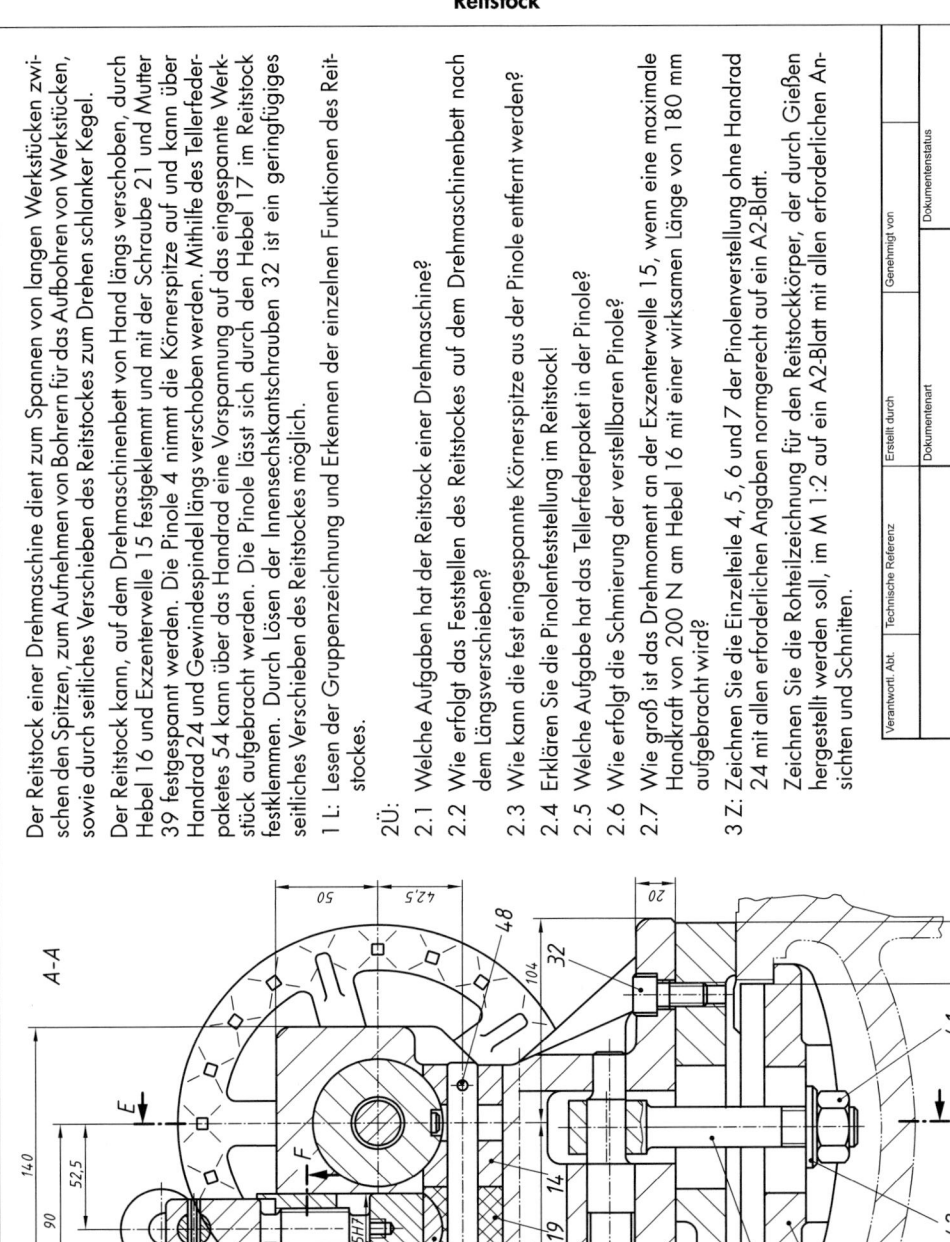

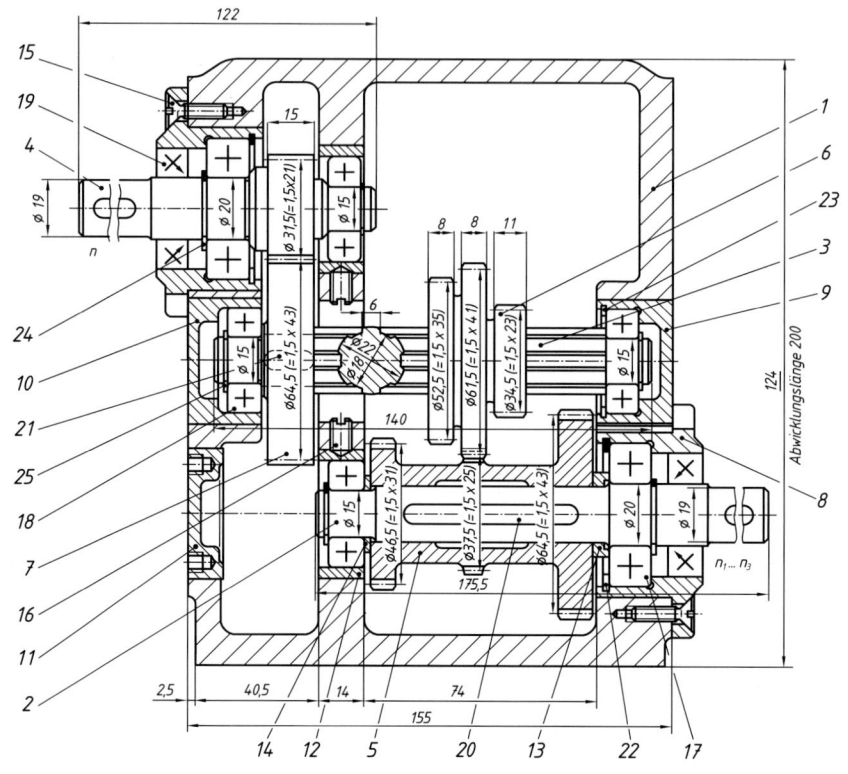

Das Dreiganggetriebe ist in einer Ebene abgewickelt = 200 mm dargestellt ohne Schalteinrichtung.

Pos.	Men.	Einh.	Benennung	Sachnr./Norm-Kurzbez.	Werkst.
25	4	Stck	Sicherungsring	DIN 471-15 x 1	
24	2	Stck	Sicherungsring	DIN 471-20 x 1,2	
23	1	Stck	Sicherungsring	DIN 472-35 x 1,5	
22	2	Stck	Sicherungsring	DIN 472-48 x 1,75	
21	2	Stck	Passfeder	DIN 6885-A6 x 6 x 16	E295-C
20	1	Stck	Passfeder	DIN 6885-A6 x 6 x 56	E295-C
19	2	Stck	Wellendichtring	DIN 3760-A20 x 40 x 7	NB
18	4	Stck	Rillenkugellager	DIN 625-6202	
17	2	Stck	Rillenkugellager	DIN 625-6204	
16	2	Stck	Gewindestift	ISO 7434-M6 x 10	4.8
15	6	Stck	Senkschraube	ISO 2009-M6 x 20	4.8
14	1	Stck	Zwischenring		E295
13	1	Stck	Zwischenring		E295
12	2	Stck	Buchse für Kugellager		S245JR
11	1	Stck	Gehäusedeckel		EN-GJL-200
10	1	Stck	Gehäusedeckel		EN-GJL-200
9	1	Stck	Gehäusedeckel		EN-GJL-200
8	2	Stck	Abschlussdeckel		EN-GJL-200
7	1	Stck	Stirnrad		C60
6	1	Stck	Schieberadblock		C60
5	1	Stck	Stirnradblock		C60
4	1	Stck	Antriebswelle		C60
3	1	Stck	Keilwelle		C60
2	1	Stck	Antriebswelle		E335
1	1	Stck	Räderkasten		Al

Verantwortl. Abt.	Technische Referenz	Erstellt durch	Genehmigt von	
		Dokumentenart	Dokumentenstatus	
		Titel, Zusätzlicher Titel		
		Dreiganggetriebe	Änd. Ausgabedatum Spr. Blatt	

Dreiganggetriebe

Das Dreiganggetriebe wird von einem Drehstrom-Asynchronmotor mit einer Leistung von 1,5 kW über eine drehelastische Kupplung angetrieben und treibt mit drei unterschiedlichen Drehzahlen eine Arbeitsmaschine an. Beim Auslauf des Getriebes können die drei Drehzahlen durch Verschieben des Schieberadblockes 6 über eine von einem Hebel betätigte Gabel von Hand geschaltet werden.

Das Dreiganggetriebe ist in einer Ebene abgewickelt und ohne Schalteinrichtung dargestellt.

In einem Zahnradgetriebe wird im Allgemeinen die Drehzahl des Antriebsmotors herabgesetzt und das Drehmoment entsprechend der Übersetzung erhöht.

Der Kraftfluss in einem Zahnradgetriebe durchläuft meist ein oder nacheinander mehrere Zahnradpaare, im Dreiganggetriebe sind es jeweils zwei Zahnradpaare, je mit einer festen und einer veränderlichen Übersetzung.

Die Übersetzung in einem Zahnradpaar ist gleich dem Verhältnis der Drehzahl der treibenden Welle na zur Drehzahl der getriebenen Welle nb.

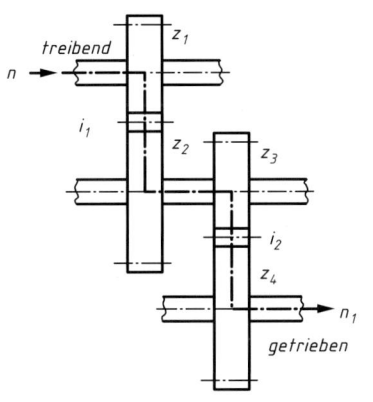

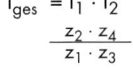

$$i_{ges} = i_1 \cdot i_2$$
$$\frac{z_2 \cdot z_4}{z_1 \cdot z_3}$$

Die Übersetzung eines Zahnradpaares ist ferner das Verhältnis der Zähnezahl des getriebenen Zahnrades zur Zähnezahl des angetriebenen Zahnrades

$$i = z_2/z_t$$

Ist die Übersetzung $i > 1$, so erfolgt eine Übersetzung ins Langsame, ist $i < 1$, so erfolgt eine Übersetzung ins Schnelle.

Die Gesamtübersetzung eines Getriebes mit mehreren nacheinander im Kraftfluss liegenden Zahnradpaaren ist gleich dem Produkt der Teilübersetzungen der einzelnen Zahnradpaare, z.B.

$$i_{ges} = i_1 - i_2$$

Für die höchste im Dreiganggetriebe erzeugte Drehzahl gilt für die Gesamtübersetzung

$$i_{ges1} = i_1 \cdot i_2$$
$$\frac{44 \cdot 25}{22 \cdot 41} = 1,22$$

Die Normzahl 1,25 nach DIN 323 T 1 wird als Übersetzung hierbei mit guter Näherung erreicht.

Die entsprechende Drehzahl an der Abtriebsseite errechnet sich zu

$$n_1 = \frac{n}{i_{ges1}} = \frac{1400 \text{ min}^{-1}}{1,22} = 1147,5 \text{ min}^{-1}$$

Die Normzahl 1120 wird ebenfalls mit guter Näherung erreicht, s. auch DIN 804.

1 L: Erkennen der Funktion des Dreiganggetriebes anhand der Gruppenzeichnung durch Verfolgen des Kraftflusses bei den drei Drehzahlen.
Angewandte Mitnehmerverbindungen zwischen Welle und Zahnräder, Lagerung der Welle und ihre Abdichtung im Gehäuse.

2 Ü:

2.1 Aufgabe der Zahnradgetriebe.

2.2 Wie ist die Übersetzung eines Zahnradpaares, wie wird die Gesamtübersetzung mehrerer hintergeschalteter Zahnradpaare festgelegt?

2.3 Berechnen Sie die jeweilige Gesamtübersetzung i_{ges} sowie die drei schaltbaren Drehzahlen, wenn die Lastdrehzahl des E-Motors nM = 1400 min^{-1} beträgt.

2.4 Welche Art der Wellenlagerung ist bei den drei Wellen gewählt worden?

2.5 Welche Lastrichtung haben die Innen- und Außenringe der eingebauten Rillenkugellager?

2.6 Wie erfolgt die Abdichtung der Wellen im Gehäuse?

2.7 Begründen Sie die für die einzelnen Teile getroffene Werkstoffwahl!

3 Z: Konstruieren Sie je auf einem A3-Blatt im M 1:1 (fehlende Maße sind entsprechend zu wählen)

3.1 die Gruppenzeichnung des Dreiganggetriebes als Abwicklung mit Stückliste,

3.2 die Getriebeteile 2, 3, 4, 5 und 6 als Fertigungszeichnungen mit allen erforderlichen Angaben.

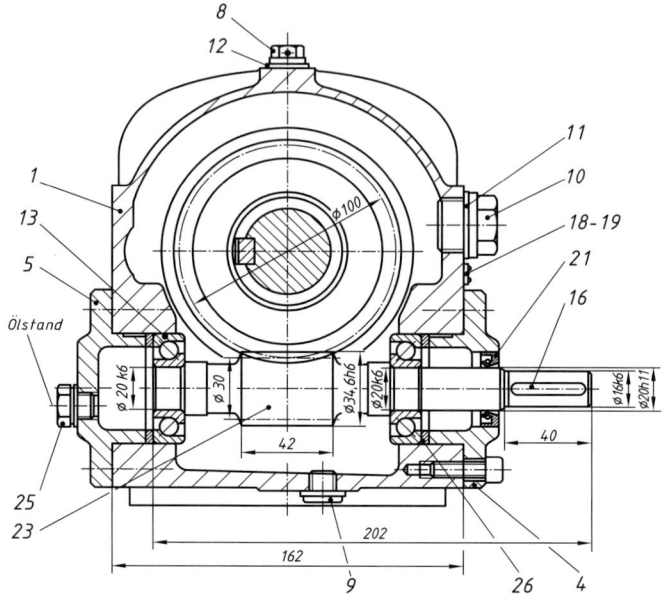

Schneckengetriebe zählen zu den Wälzschraubtrieben. Sie bestehen aus der treibenden Schnecke und dem getriebenen Schneckenrad, deren Achsen sich normalerweise unter einem Achsenwinkel $\Sigma = 90°$ kreuzen. Schneckengetriebe ermöglichen große Übersetzungen ins Langsame. Die Mindestübersetzung soll $i_{min} > 5$ und die Größtübersetzung $i_{max} \leq 100$ sein, weil im letzteren Fall der Verschleiß der Schnecke infolge zu hoher Gleitbewegung zu groß würde.

Die Übersetzung i eines Schneckengetriebes ausgedrückt durch die Drehzahlen na des treibenden Rades (Schnecke) und nb des getriebenen Rades (Schneckenrad) ist i = na/nb. Das Zähnezahlverhältnis $u = z_2/z_1$ ist stets > 1.

Die Zähnezahl des Schneckenrades soll z > 30 sein. Daher müssen für Schneckengetriebe mit kleineren Zahnzahlen mehrgängige Schnecken mit z1 1 ... 6 verwendet werden.

Schneckengetriebe haben gegenüber Stirn- und Kegelradgetrieben einen geräuschärmeren Lauf und werden bei gleichen Übersetzungen und Leistungen in kleineren Baugrößen ausgeführt. Die größere Gleitbewegung der Zahnflanken hat neben dem stärkeren Verschleiß auch einen geringeren Wirkungsgrad zur Folge.

Pos.	Men.	Einh.	Benennung	Sachnr./Norm-Kurzbez.	Werkst.
27	2	Stck	Passscheibe		S275JR
26	2	Stck	Passscheibe		S275JR
25	1	Stck	Verschlussschraube	DIN 910-M 12 x 1,5	St
24	1	Stck	Schneckenrad		G-SnBz 12
23	1	Stck	Schnecke		16MnCr 5
22	1	Stck	Wellendichtring	DIN 3760-A 35 x 47 x 8	NB
21	1	Stck	Wellendichtring	DIN 3760-A 20 x 35 x 7	NB
20	24	Stck	Zylinderschraube	ISO 4762-M8 x 25	8.8
19	4	Stck	Halbrundkerbnagel	ISO 8746-2 x 6	St
18	1	Stck	Schild		CuZn40
17	1	Stck	Passfeder	DIN 6885-A 8 x 7 x 70	E295-C
16	1	Stck	Passfeder	DIN 6885-A 5 x 5 x 35	E295-C
15	1	Stck	Passfeder	DIN 6885-A 12 x 8 x 35	E295-C
14	2	Stck	Rillenkugellager	DIN 625-6207	
13	2	Stck	Schrägkugellager	DIN 628-7304B	
12	3	Stck	Dichtring	DIN 7603-C14 x 20	Cu-As
11	1	Stck	Dichtring	DIN 7603-C27 x 32	Cu-As
10	1	Stck	Verschlussschraube	DIN 910-M 26 x 1,5	St
9	1	Stck	Verschlussschraube	DIN 908-M 12 x 1,5	St
8	1	Stck	Entlüftungsschraube	DIN 910-M 12 x 1,5	St
7	1	Stck	Ring		EN-GJL-200
6	1	Stck	Welle		E295-C
5	1	Stck	Lagerdeckel A		EN-GJL-200
4	1	Stck	Lagerdeckel B		EN-GJL-200
3	1	Stck	Gehäuse Seitenteil A		EN-GJL-200
2	1	Stck	Gehäuse Seitenteil B		EN-GJL-200
1	1	Stck	Gehäuse Mittelteil		EN-GJL-200

Verantwortl. Abt.	Technische Referenz	Erstellt durch	Genehmigt von		
		Dokumentenart		Dokumentenstatus	
		Titel, Zusätzlicher Titel			
		Schneckengetrieb			
		P = 1,2 kW, n = 1400 min⁻¹	Änd.	Ausgabedatum	Spr.	Blatt

Schneckengetriebe

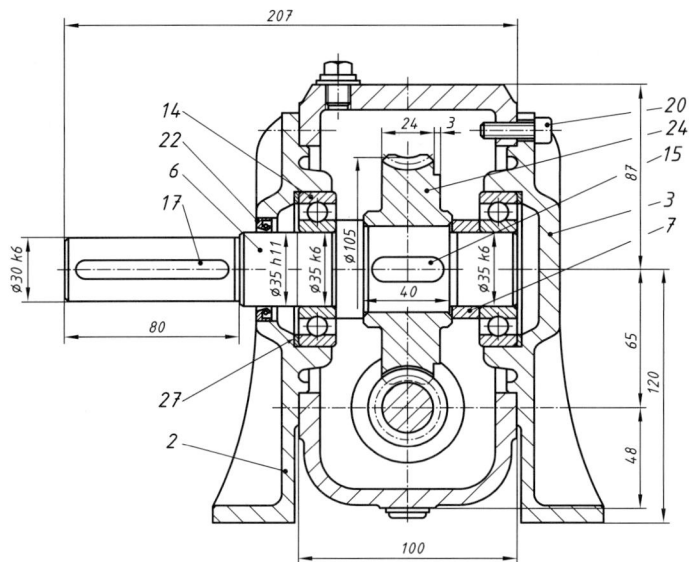

Schnecke		
Zähnezahl	z_1	2
Modul (Axialmodul)	m	2,5
Mittenkreis-durchmesser	d_{m1}	30
Zahnhöhe	h_a	5,5
Flankenrichtung		rechtssteigend
Steigungshöhe	p_{z1}	15,708
Mittensteigungs-winkel	γ_m	9°27' 44''
Flankenform nach DIN 3975		I
Axialteilung	p_x	7,854
Sachnummer des Schneckenrades		

Schneckenrad		
Zähnezahl	z_2	40
Modul (Stirnmodul)	m	2,5
Teilkreisdurchmes-ser	d_2	100
Profilverschiebungs-faktor	x_2	–
Zahnhöhe	h	5,5
Flankenrichtung		rechtssteigend
Schnecke	Sachnummer	
	Zähnezahl z_1	2
Achsabstand im Gehäu-se mit Abmaßen	a	65, ± 0,025

Durch die Steigung der Zahnflanken von Schnecke und Schneckenrad werden neben Radialkräften auch Axialkräfte hervorgerufen, die bei der Wellenlagerung berücksichtigt werden müssen.

Die Schnecke läuft im Ölbad, deren Höhe durch das Ölstandsauge kontrolliert werden kann. Das Schneckenrad fördert das notwendige Öl zu den Wälzlagern.

Das Gehäuse des Schneckengetriebes ist dreiteilig ausgeführt und besteht aus Grauguss GG 20. Radialdichtringe dichten das Getriebegehäuse ab und verhindern den Ölaustritt.

Schneckengetriebe finden z.B. Anwendung bei Aufzügen, Flaschenzügen, Winden, Krane, in Lenkgetrieben von Lastkraftwagen usw.

1 L: Lesen der Gruppenzeichnung und Erkennen der Funktion des Schneckengetriebes durch Umwandeln der höheren Eingangsdrehzahl durch Schnecke und Schneckenrad, Lagerung und Abdichtung von Schneckenwelle und Schneckenradwelle.

2 Ü:

2.1 Warum sind Schneckengetriebe besonders geeignet für große Übersetzungen ins Langsame?

2.2 Berechnen Sie die Übersetzung des Schneckengetriebes und die Abtriebsdrehzahl, wenn die Antriebsdrehzahl 1400 min^{-1} beträgt!

2.3 Welche Lageranordnung wurde für Schneckenwelle und Schneckenradwelle gewählt?

2.4 Wie erfolgt die Abdichtung der Wellen im Gehäuse?

2.5 Welche Lastrichtung haben die Innen- und Außenringe der eingebauten Wälzlager?

2.6 Begründen Sie die für die einzelnen Teile getroffene Werkstoffwahl!

3 Z: Konstruieren Sie je auf einem A2-Blatt im M 1:1 (fehlende Maße sind entsprechend zu wählen)

3.1 das Schneckengetriebe als Gruppenzeichnung in A und C im Schnitt mit Stückliste,

3.2 die Schneckenwelle, das Schneckenrad und die Schneckenradwelle als Fertigungszeichnungen mit allen erforderlichen Angaben.

2.15 Gesamtbehandlung der Baugruppe: Zahnradpumpe

Die dargestellte selbstansaugende Zahnradpumpe hat die Aufgabe, einen Flüssigkeitsstrom zu erzeugen und diesem bei Bedarf den erforderlichen Druck zu erteilen. Sie besteht im Wesentlichen aus Gehäuse 1, Befestigungsflansch 3, Zahnrad mit Antriebswelle 4, Zahnrad 5, Lageraufnahmen 7, Lagerbuchsen 2 und Scheiben 9 für den hydrostatischen Spielausgleich.

Die bei der Drehbewegung auseinander laufenden Zähne lassen Zahnkammern frei werden. Der dadurch entstehende Unterdruck sowie der atmosphärische Druck auf den Flüssigkeitsspiegel im Behälter bewirken, dass der Pumpe aus dem Behälter Flüssigkeit zufließt. Diese Flüssigkeit füllt die Zahnkammern und wird in Pfeilrichtung von der Saugseite zur Druckseite befördert. Hier greifen wieder die Zähne ineinander, verdrängen die Flüssigkeit aus den Zahnkammern und verhindern ein Rückströmen zum Saugraum. Um einen harten und stoßweisen Lauf der Pumpe zu vermeiden, sind seitlich Entlastungsbohrungen in den Lageraufnahmen 7 angeordnet, wodurch die Quetschflüssigkeit in den Saugraum geleitet wird.

Die dargestellte Zahnradpumpe fördert bei einer Umdrehung der Antriebswelle theoretisch ein Volumen $V_{theo} = 8,4$ cm^3/U. Sie ist ausgelegt für eine maximale Drehzahl von 1.450 U/min und einen maximalen Druck $P_{max} = 250$ bar. Diese Zahnradpumpe wird angebaut z.B. an Dieselmotoren von Lastkraftwagen und Gabelstaplern, um Hydrozylinder von Hebevorrichtungen mit Drucköl zu versorgen.

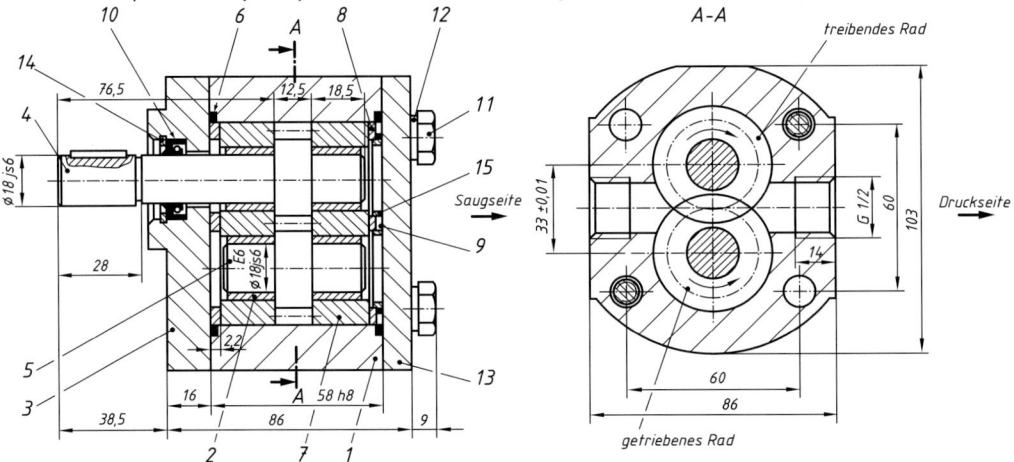

1 L: Lesen der Gruppenzeichnung und Erkennen der Funktion der Zahnradpumpe.

2 Ü:

2.1 Welche Art der Lagerung wurde zweckmäßigerweise für die Zahnradwellen gewählt?

2.2 Wie erfolgt die Schmierung der Lagerstellen?

2.3 Wo entsteht die Quetschflüssigkeit und wohin wird sie durch Bohrungen geleitet?

2.4 Wie groß ist der theoretische Volumenstrom Q_{theo} in l/min bei 1.450 U/min?

2.5 Wie groß ist der volumetrische Pumpenwirkungsgrad $\eta_V = Q_{eff}/Q_{theo} \cdot 100$ % bei einem Volumenstrom $Q_{1\,eff} = 12,1$ l/min und einem Öldruck $p_1 = 100$ bar sowie einem Volumenstrom $Q_{2eff} = 11,8$ l/min und einem Öldruck $p_2 = 200$ bar?

2.6 Welchen Einfluss hat der Öldruck auf den effektiven d.h. tatsächlichen Volumenstrom?

3 Z: Konstruieren Sie je auf einem A4-Blatt die beiden Zahnradwellen als Fertigungszeichnungen mit allen erforderlichen Angaben, s. DIN 780-1.
Modul m = 3,
Zähnezahlen $z_1 = z_2 = 1$

[1] einsatzgehärtet und angelassen 60+4 MRC, Eht = 0,4 + 0,4

Pos.	Men.	Einh.	Benennung	Sachnr./Norm-Kurzbez.	Werkst.
15	2	Stck	Stützring		S235JR
14	1	Stck	Sicherungsring	DIN 472-30 x 1,2	St
13	1	Stck	Deckel		S235JR
12	2	Stck	Scheibe	ISO 7089-10,5	AL
11	2	Stck	Sechskantschraube	ISO 4014-M10 x 8,5	8.8
10	1	Stck	Wellendichtring	DIN 3760-A 18 x 30 x 7	NB
9	2	Stck	Runddichtring	DIN 3770-B 26 x 2,5	NB
8	2	Stck	Scheibe		S 185
7	2	Stck	Lageraufnahme		Sint-C10
6	2	Stck	Dichtung		NB
5	1	Stck	Zahnrad (getrieben)		20 Mn Cr 5 [1]
4	1	Stck	Zahnrad (treibend)		20 Mn Cr 5 [1]
3	1	Stck	Flansch		C35
2	2	Stck	Lagerbuchse		Cu Sn 12 Pb
1	1	Stck	Gehäuse		C35

Verantwortl. Abt.	Technische Referenz	Erstellt durch	Genehmigt von		
		Dokumentenart		Dokumentenstatus	
		Titel, Zusätzlicher Titel			
		Zahnradpumpe		Änd. Ausgabedatum Spr. Blatt	

3 Grundlagen CAD: 2D-Konstruktionszeichnungen erstellen
3.1 Einführung in CAD und Ziele dieses Kapitels

CAD steht für Computer Aided Design und bedeutet „rechnerunterstütztes Zeichnen". Rechnerunterstütztes bzw. -gestütztes Arbeiten ist ein effektives Hilfsmittel der Konstruktion, um die Leistung und Effizienz bei der Zeichnungsbearbeitung zu steigern.

Das vorliegende Kapitel führt nicht in ein bestimmtes CAD-System ein, sondern beinhaltet praktische Aufgaben zu den CAD-Grundlagen im Bereich der 2D-Konstruktion. Mit diesen Aufgaben kann das Anfertigen von Zeichnungen an einem beliebigen CAD-System vorbereitet und geübt werden, wie sie in die Kapiteln 1 und 2 dieses Buches gefordert sind. Die abgestufte Zusammenstellung orientiert sich an typischen Grundkursen CAD, wie sie der Autor selbst in mehreren (Fort-)Bildungseinrichtungen hält.

Nach erfolgreicher Lösung dieser Aufgaben sollte der Anwender in der Lage sein, selbst Zeichnungen zu erstellen und zu bearbeiten. Mit den Übungen werden die vielfältigen Möglichkeiten trainiert, die im Bereich der 2D-CAD-Konstruktion für alle Fachbereiche der Technik relevant sind.

Vorab nicht behandelt, sondern als bekannt vorausgesetzt werden

- EDV-Grundkenntnisse
- Kenntnisse der CAD-Grundbegriffe (CAD, CAE, CAM, CAP, CAQ und CAT)
- Aufbau von CAD-Arbeitsplätzen, elementare Programmierkenntnisse von CAD-Programmen
- Grundlegende Bedienung des dem Anwender zur Verfügung stehenden CAD-Systems; insbesondere muss der Anwender an seinem CAD-Arbeitsplatz die folgenden Features beherrschen (die dazu notwendigen Befehle sind vom jeweiligen CAD-System abhängig):
  - Geometrische Grundelemente erzeugen mit Hilfe der Koordinateneingabe
  - Das Arbeiten mit Layern (Zeichnungsebenen)
  - Ausgabe von Zeichnungen mit Hilfe von Plottern/Endgeräten
  - Speichern von Zeichnungen auf Datenträgern

Wer diese Grundlagen noch nicht beherrscht, sollte eine Einführung absolvieren.

Die Übungen im vorliegenden Kapitel umfassen	
Erzeugung von Zeichnungsgrundelementen	Linie Konstruktionslinie Kreis Bogen Rechteck Polygon Spline Ellipse
Änderungsfunktionen von Zeichnungsobjekten	Löschen, Kopieren Spiegeln, Schieben, Drehen Skalieren, Strecken, Verkürzen, Verlängern Aufbrechen, Abschrägen, Abrunden
Schraffieren von Flächen	
Texterzeugung	
Symbolerzeugung	
Hilfsfunktionen	Fang, Raster, Objektfang

Die Aufgaben können als Übungsmaterial für den CAD-Unterricht oder zum Selbststudium verwendet werden. Die Lösungen zu den Aufgaben stehen als DXF-Dateien zum Download (www.berufskompetenz.de) zur Verfügung.

Die Benutzeroberfläche eines CAD-Systems

Nach dem Start des CAD-Programms erscheint die Benutzeroberfläche auf dem Bildschirm. Die heutigen CAD-Systeme arbeiten (sofern man einen PC mit Microsoft®Windows® benutzt) mit der Windows-Oberfläche. Diese besteht aus Werkzeugkästen mit Icons und Pulldown-Menüs. Mit deren Hilfe können in einem CAD-System Befehle aktiviert werden. Im Grafikteil erscheint die grafische Darstellung der Zeichnung.

Exemplarisch ist hier ein Screenshot der Oberfläche der Schulungsversion von AutoCAD 2006 abgedruckt.

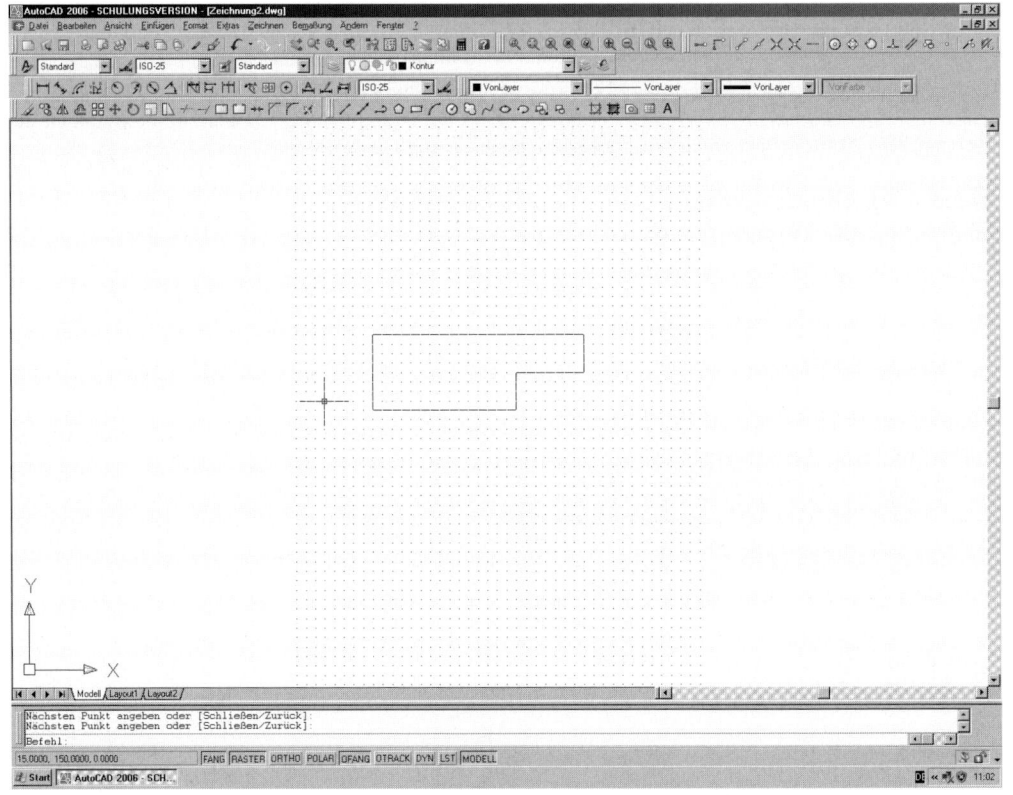

Bemerkungen zu Übungen in den folgenden Abschnitten

In den folgenden Abschnitten werden die wichtigsten Befehle definiert und an Beispielen sowie mit Hilfe von Übungen veranschaulicht. Sie sind als Leser/-in aufgefordert, diese Übungen an Ihrem CAD-Arbeitsplatz nachvollziehen. Sie sind der Übersichtlichkeit halber durchlaufend nummeriert (Ü1, Ü2 usw.).

Die Bezeichnung der Befehle entspricht AutoCAD; wer an einem anderen System arbeitet, wird analoge Befehle vorfinden, die mehr oder weniger abweichend bezeichnet sind, was sich aber leicht erschließen lässt, sodass die Aufgaben ohne Weiteres an jedem System bearbeitet werden können.

3.2 Erzeugung von Zeichnungsgrundelementen
Linienerzeugung

Der Befehle „Linie" erzeugt gerade Liniensegemente. Voraussetzung für die folgende Übung ist, dass Sie Kenntnisse der Punkteingabe mit Hilfe von kartesischen Koordinaten und Polarkoordinaten in Ihrem CAD-System haben.

Ü1: Zeichnen Sie mit dem Befehl „Linie" die folgenden Konturen!

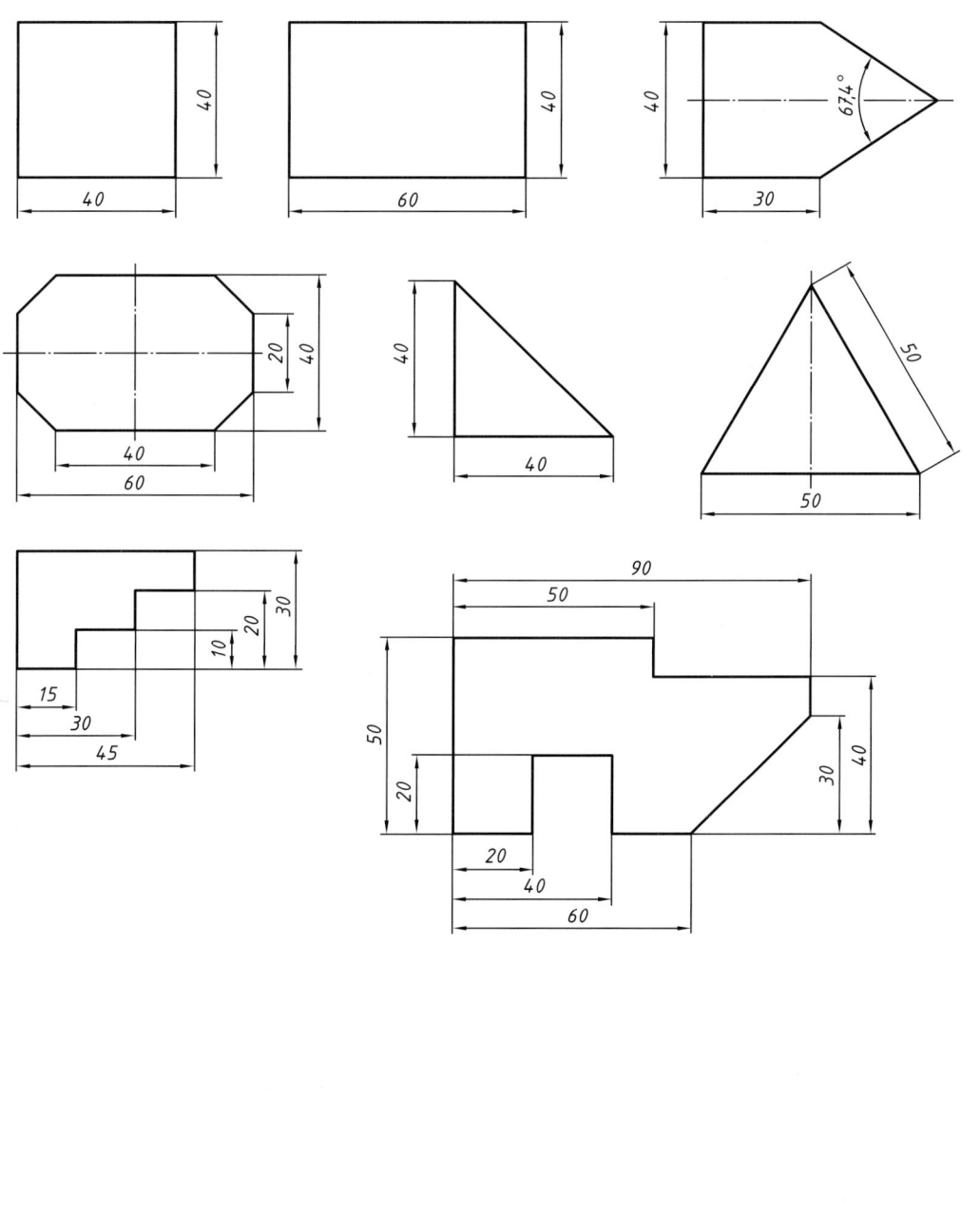

Ü2: Zeichnen Sie die beiden Ellipsen mit den vorgebenen Optionen!

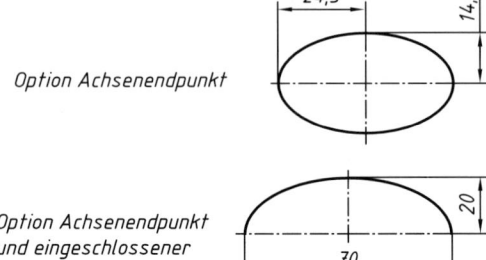

Option Achsenendpunkt

Option Achsenendpunkt und eingeschlossener Winkel 180°

Ü3: Zeichnen Sie die drei Kreise mit den verschiedenen Varianten!

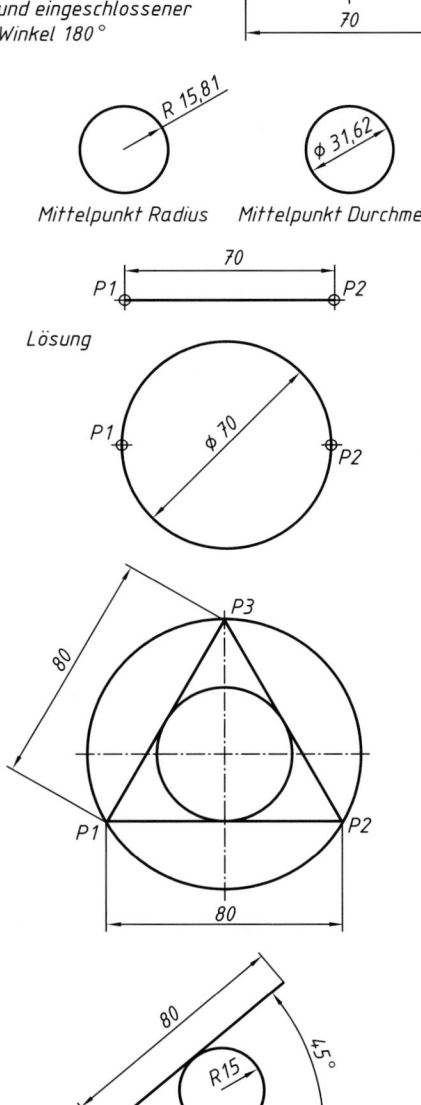

Mittelpunkt Radius   *Mittelpunkt Durchmesser*

Lösung

Ü4: Zeichnen Sie einen Kreis, der durch die Punkte P1, P2 UND P3 verläuft! Ein weiterer Kreis soll die Dreiecksseiten tangential berühren.

Ü5: Die nebenstehende Figur soll mit der Kreisoption „Tangente Radius" realisiert werden.

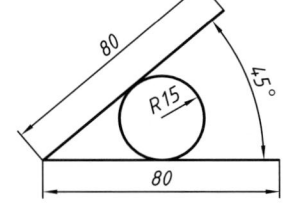

Ü6: Erstellen Sie die beiden Objekte mit Hilfe der Objektfangfunktion „Tangent".

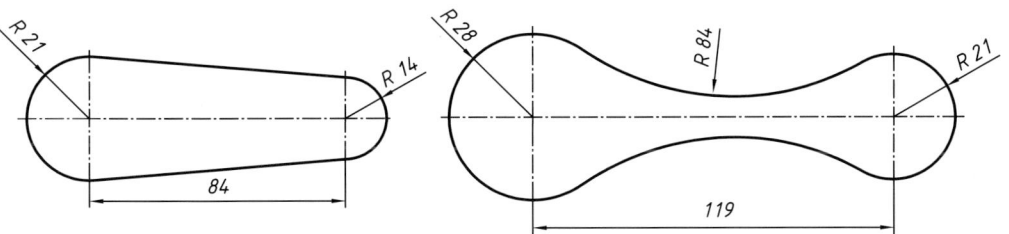

Ü7: Der Befehl „Bogen" dient zur Bogenerzeugung. Realisieren Sie mit Hilfe dieses Befehls „Bogen" die folgenden Varianten der Bogenkonstruktion.

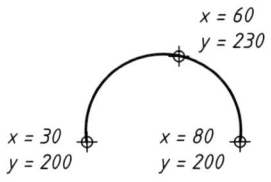

3-Punkte

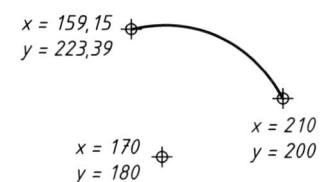

Startpunkt Mittelpunkt und Endpunkt

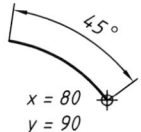

Startpunkt, Mittelpunkt und Winkel

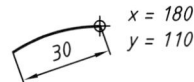

Startpunkt, Mittelpunkt und Sehnenlänge

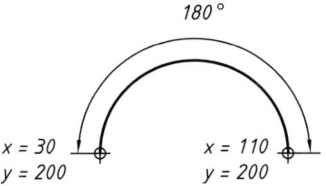

Startpunkt, Endpunkt und Winkel

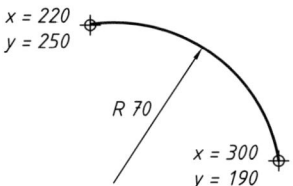

Startpunkt, Endpunkt und Radius

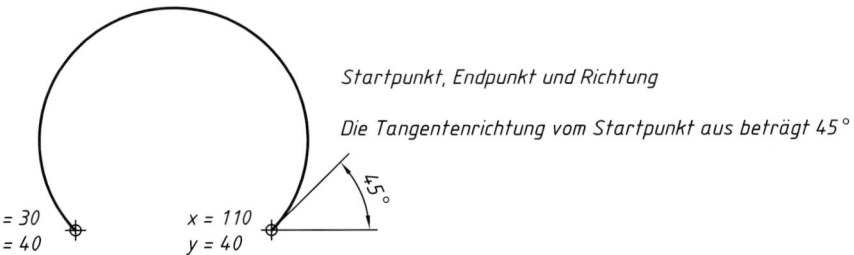

Startpunkt, Endpunkt und Richtung

Die Tangentenrichtung vom Startpunkt aus beträgt 45°

Konstruktionslinien sind Hilfslinien in einem CAD-System, die sich in beide Richtungen ins Unendliche erstrecken.

Ü8: Zeichnen Sie die folgenden Konstruktionslinien

Konstruktionslinie durch 2 Punkte

Konstruktionslinie horizontal
durch einen Punkt

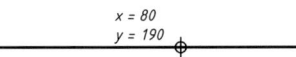

Konstruktionslinie vertikal
durch einen Punkt

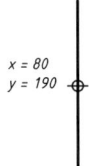

Konstruktionslinie durch einen
Punkt und einen Winkel zur
positiven X-Achse

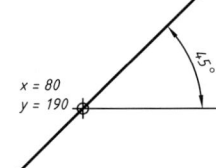

Konstruktionslinie als
Winkelhalbierende

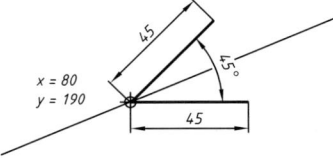

Konstruktionlinie durch die
Option „Abstand" erzeugt

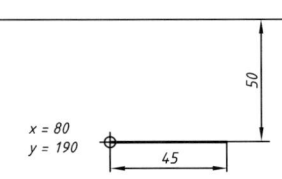

Ü9: Erzeugen Sie die folgende Zeichnung mit Hilfe von Konstruktionslinien.

3. Schritt:
Der Kreis wird mit Hilfe des Objektfangs „Schnittpunkt" im Schnittpunkt der beiden Konstruktionslinien auf der Ebene „Kontur" erzeugt

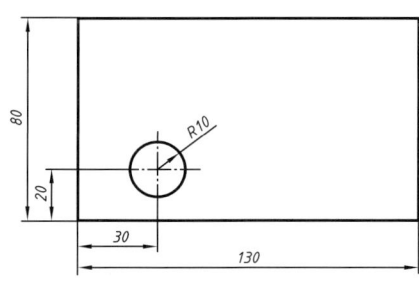

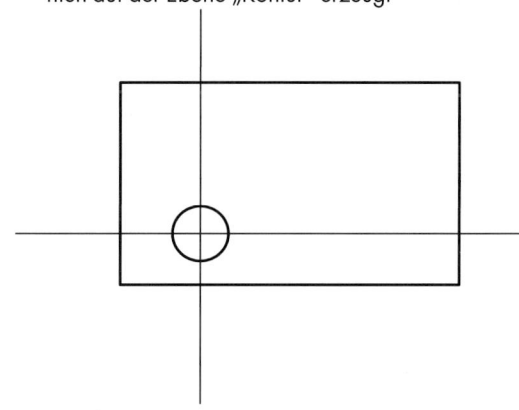

1. Schritt:
Auf der Ebene „Kontur" wird das Rechteck erzeugt

4. Schritt:
Zeichnen der Mittellinie auf der Ebene „Mitte"

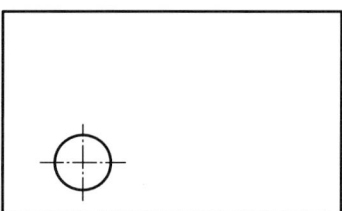

2. Schritt:
Zeichnen der parallelen Konstruktionslinien auf dem Layer „Konstruktion"

5. Schritt
Erzeugen der Bemaßungen auf der Zeichnungsebene „Bemaßung"

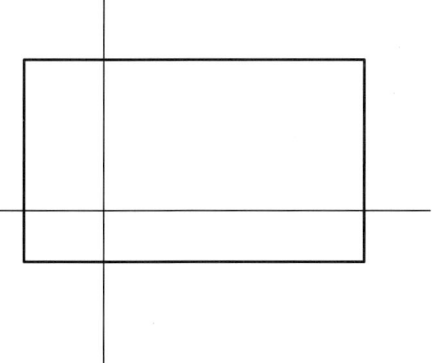

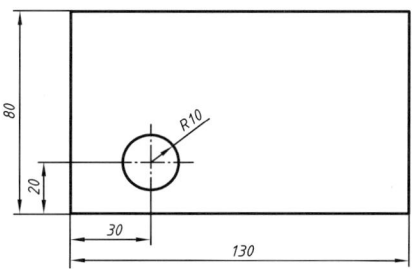

Übung: Konstruktionslinien

Ü10: Die folgenden beiden Zeichnungen sollen mit Hilfe von Konstruktionslinien realisiert werden.

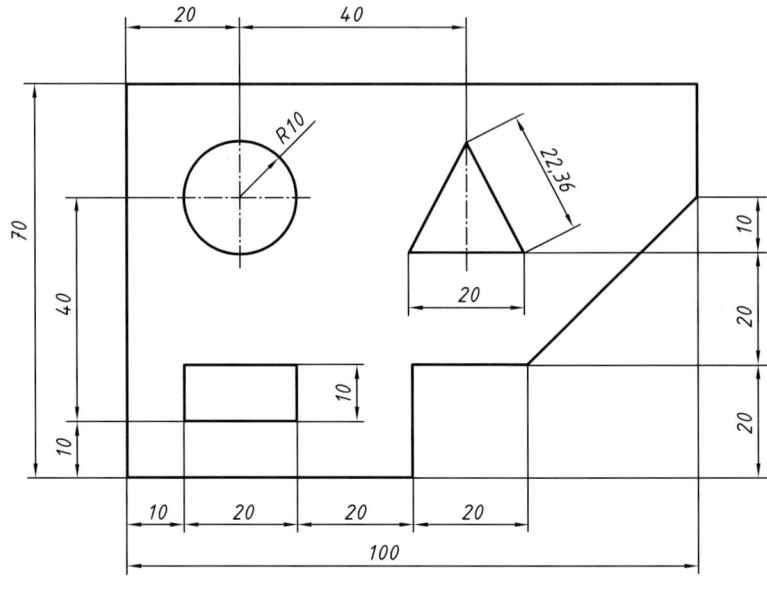

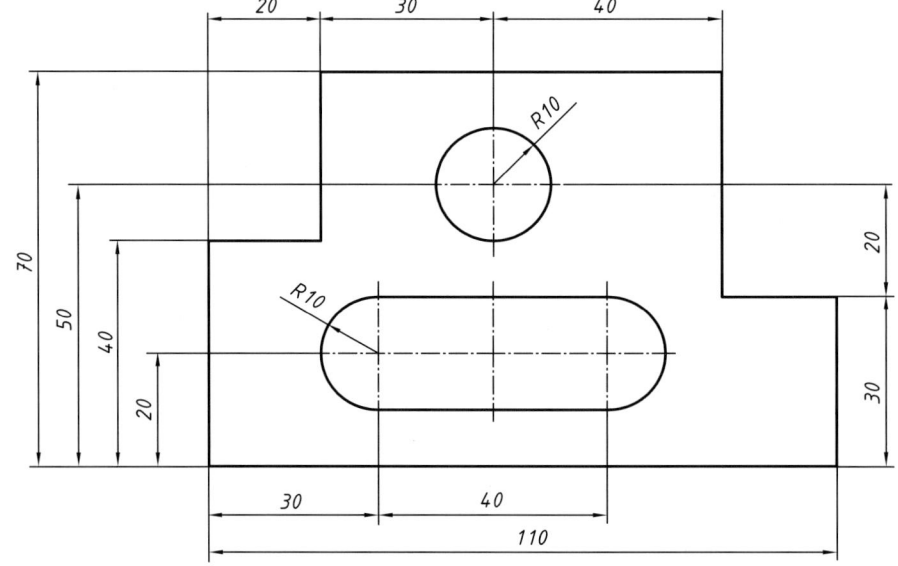

Übung: Rechtecke und Polygone

Mit Hilfe des Befehls „Rechteck" wird eine rechteckige Polygonlinie erzeugt.

Ü11: Zeichnen Sie die folgenden Rechtecke mit den vorgegebenen Varianten.

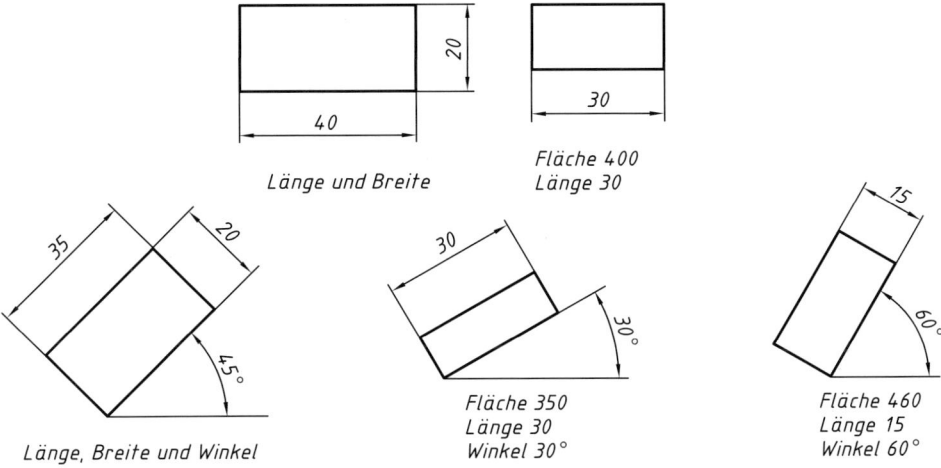

Länge und Breite

Fläche 400
Länge 30

Länge, Breite und Winkel

Fläche 350
Länge 30
Winkel 30°

Fläche 460
Länge 15
Winkel 60°

Mit Hilfe des Befehls „Polygon" werden gleichseitige geschlossene Polygonlinien erzeugt.

Ü12: Zeichnen Sie die beiden Polygone mit der jeweiligen Option.

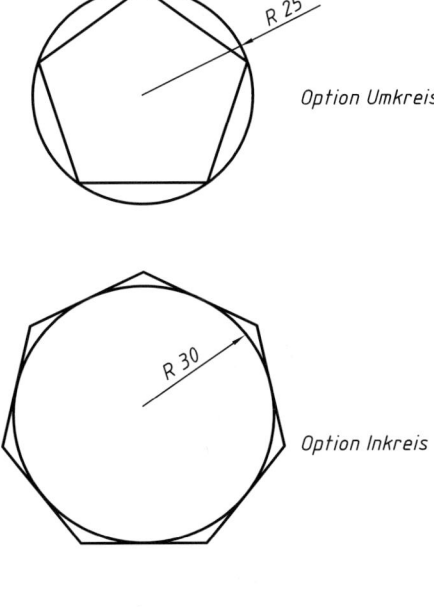

Option Umkreis

Option Inkreis

Ü13: Zeichnen Sie ein Fünfeck mit folgenden vorgegebenen Seiten.

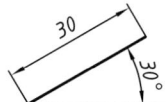

Wie schon in vorstehenden Übungen genutzt, können mit Hilfe des Objektfangs markante geometrische Punkte von Zeichnungselementen bestimmt werden. Nebenstehend finden sich Beispiele für Objektfänger.

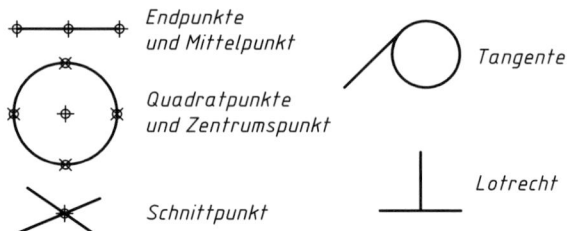

Endpunkte und Mittelpunkt

Quadratpunkte und Zentrumspunkt

Schnittpunkt

Tangente

Lotrecht

Ü14: Zeichnen Sie mit geeigneten Objektfangmodi die Figuren!

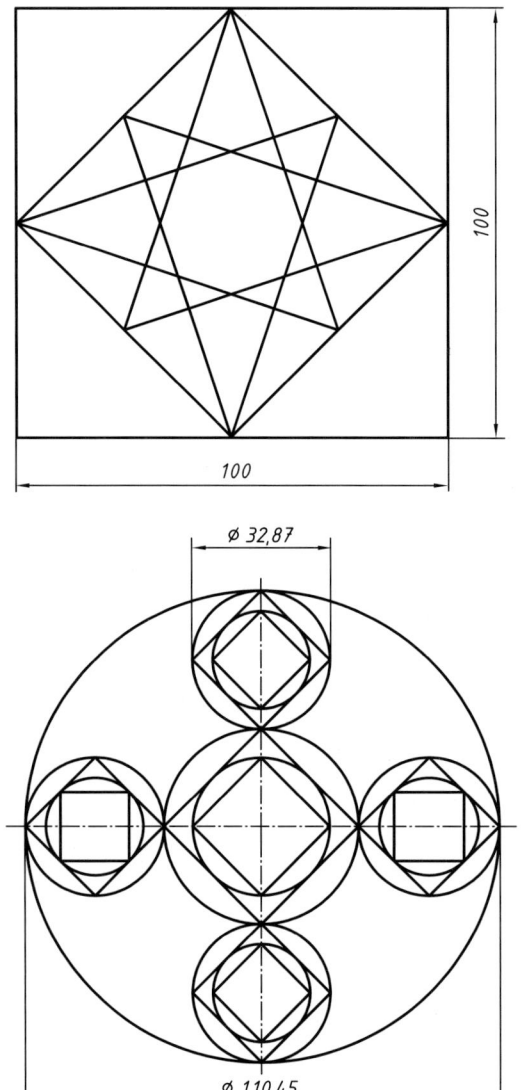

100

100

Ø 32,87

Ø 110,45

Beispiel für den Befehl „Spline"

Der Befehl „Spline" leistet, was früher das elastische Kurvenlineal bot: Ein Spline ist eine Kurve, die durch eine gegebene Anzahl von Punkten verläuft und diese möglichst „glatt" verbindet.
Mathematisch wird dafür ein höhergradiges Polynom berechnet, was verhältnismäßig hohe Rechnerleistung erfordert. Praktisch kommt der Name „Spline" aus dem Schiffsbau und bezeichnet dort dünne, elastische Holz- oder Metalllatten (sog. Straklatten), die zur Festlegung einer Kontur unter Spannung durch mehrere bestimmte Punkt gelegt werden.

Ü15: Zeichnen Sie folgende Spline-Kurve. Die Kurve soll genau durch die vorgegebenen Kontrollpunkte verlaufen.

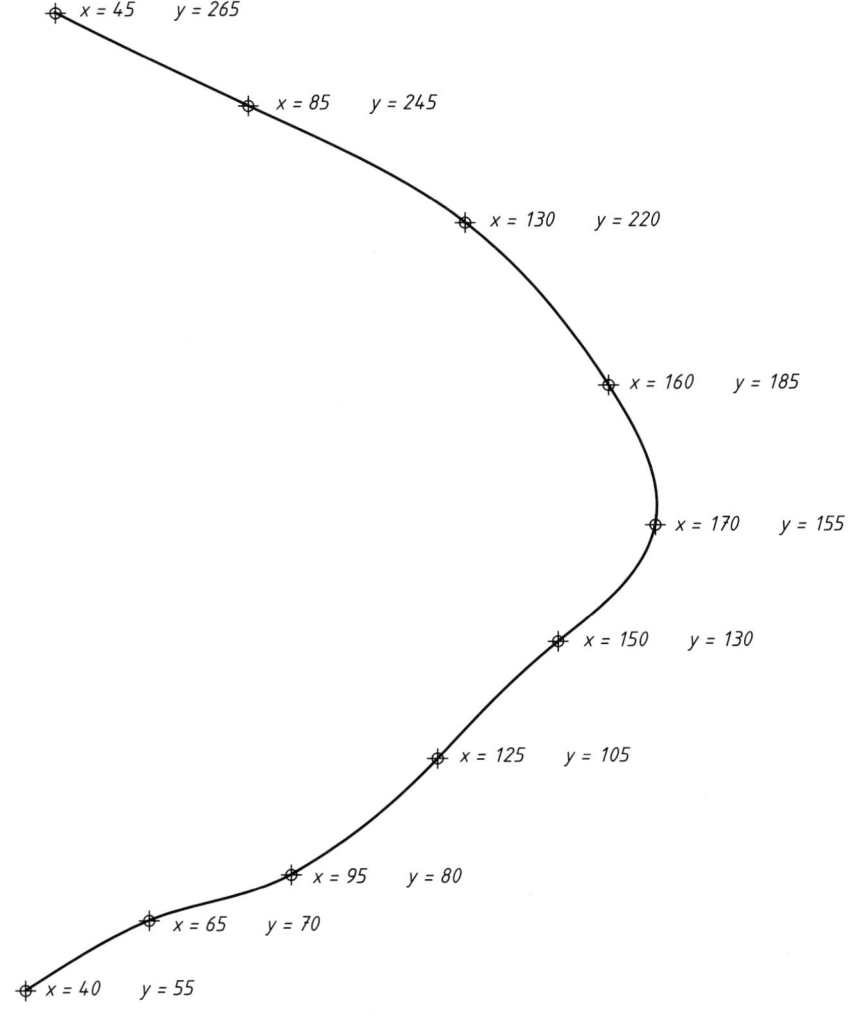

3.3 Änderungsfunktionen
Löschen, Abrunden, Fasen

Der Befehl „Löschen" entfernt Zeichnungsobjekte.

Ü16: Erzeugen Sie zu-
nächst folgende Figur:

Benutzen Sie den Befehl
„Löschen", damit die fol-
gende Darstellung entsteht.

Realisieren Sie danach
folgende Änderungen:

 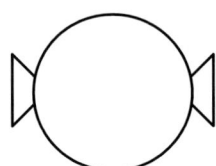 

Der Befehl „Abrunden" rundet Zeichnungsobjekte ab. Der Befehl „Fasen" schrägt Zeichnungsobjekte an.

Ü17: Zeichnen Sie mit Hilfe des Befehls „Linie" die
Außenkonturen des nebenstehenden Werkstücks
zweimal.

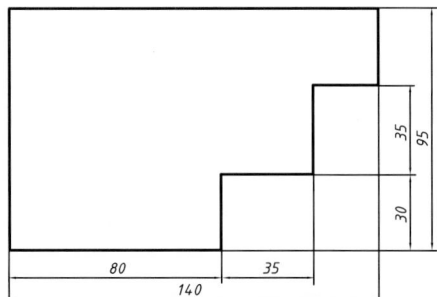

Erzeugen Sie nun in einer der beiden Zeichnungen
die eingetragenen Rundungen mit Hilfe des Befehls
„Abrunden".

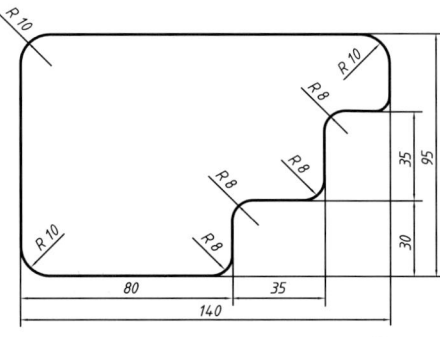

Stellen Sie dann in der anderen der beiden Zeichnungen die eingetragenen Abschrägungen mit
Hilfe des Befehls „Fasen" her.

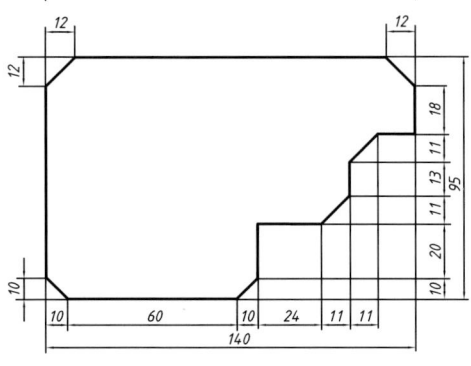

Mit Hilfe des Befehls „Spiegeln" werden symmetrische Zeichnungsteile um eine definierte Spiegelachse kopiert.

Ü18: Zeichnen Sie zunächst die (halbe) Kontur und erstellen Sie dann die komplette Zeichnung mit Hilfe des Befehls „Spiegeln".

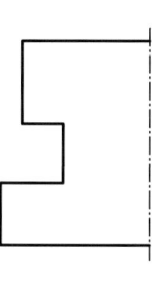
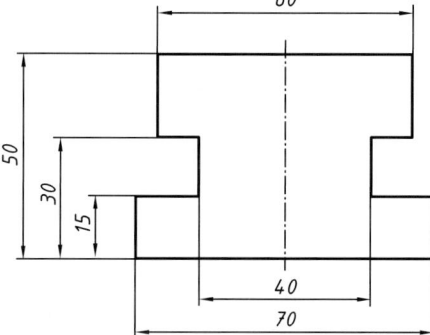

Der Befehl „Varia" multipliziert die Längen von Zeichnungsobjekten gleichmäßig in X-, Y- und Z-Richtung (entspricht der mathematischen Streckung in alle Richtungen).

Ü19: Zeichnen Sie ein Rechteck von 60 mm x 35 mm.	Vergrößern Sie das Viereck mit dem Befehl „Varia".	Verkleinern Sie es anschließend wieder.

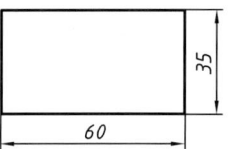
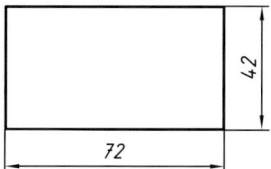
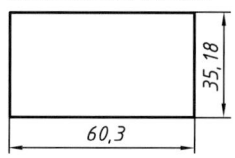

Der Befehl „Drehen" dreht Zeichnungsobjekte um einen gewählten Drehpunkt.

Ü20: Drehen Sie das vorgegebene Rechteck so, dass die zweite Figur entsteht. Es gibt mehrere Lösungsmöglichkeiten (Drehpunkt wählen und dann Links- bzw. Rechtsdrehung entscheiden).

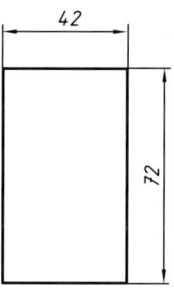
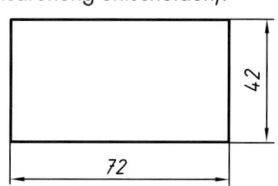

Der Befehl „Kopieren" erzeugt Duplikate von Zeichnungsteilen.

Ü21: Kopieren Sie das vorgegebene Rechteck zweimal.

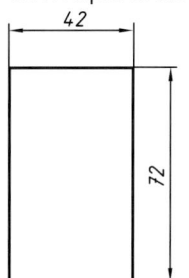
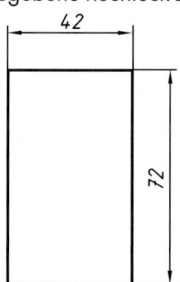
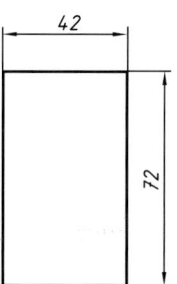

Der Befehl „Schieben" verschiebt Zeichnungsobjekte von einem Basispunkt in X-, Y- und Z-Richtung.

Ü22: Verschieben Sie den Kreis um 80 Zeichnungseinheiten nach rechts.

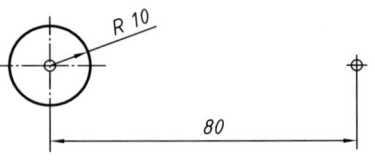

Endergebnis

Der Befehl „Strecken" verlängert Zeichnungsobjekte in X- oder Y-Richtung.

Ü23: Erzeugen Sie, ausgehend von der oberen Figur, die untere Figur.

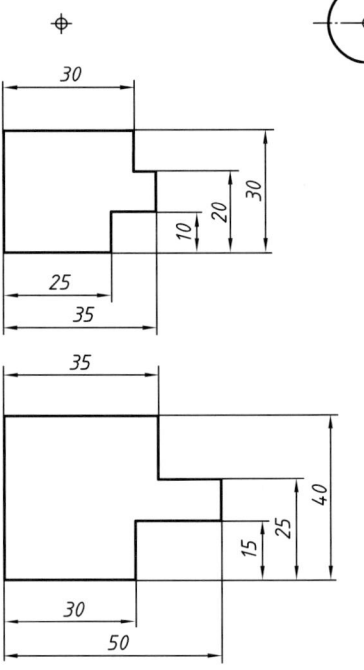

Der Befehl „Versetzen" erzeugt parallele Kreise, Linien, Bögen und Kurven.

Ü24: Erzeugen Sie die folgende geometrische Anordnung mit Hilfe des Befehls „Versetzen".

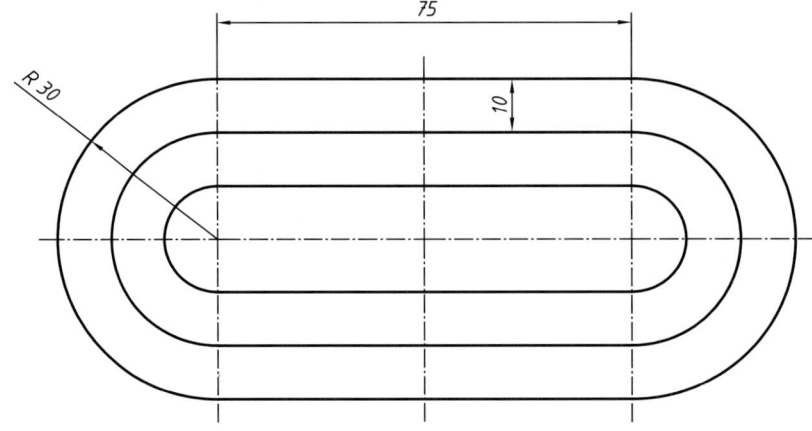

Der Befehl „Reihe Rechteck" erzeugt eine geometrische Anordnung in Zellen- und Spalten-
form.

Ü25: Konstruieren Sie die beiden Zeichnungsta-
bellen mit Hilfe der Funktion „Reihe Rechteck".

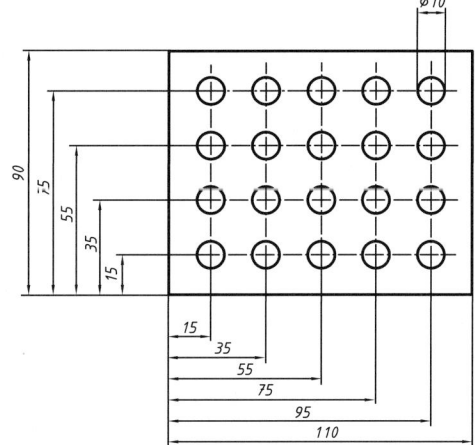

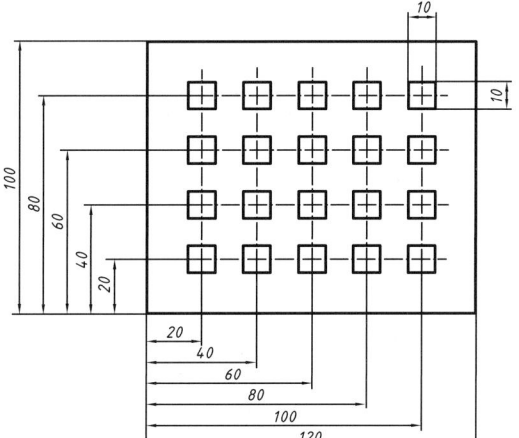

Der Befehl „Reihe polar" erzeugt eine kreisförmige
geometrische Anordnung.

Ü26: Zeichnen Sie die nebenstehende Geometrie
mit Hilfe der Funktion „Reihe polar".

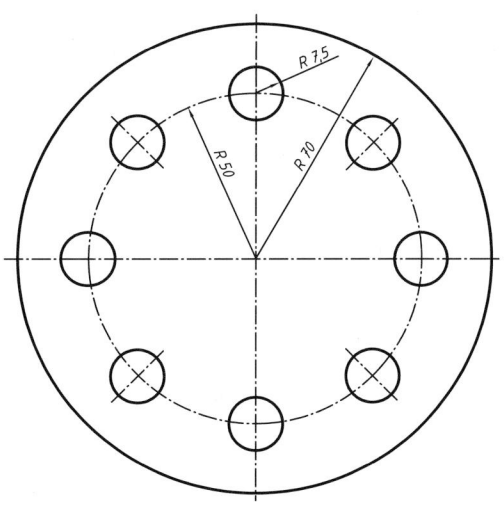

Stutzen, Dehnen, Bruch

Mit Hilfe des Befehls „Stutzen" werden Zeichnungsobjekte bis zu einer Schnittkante verkürzt.

Ü27: Erzeugen Sie die folgende Geometrie und ändern Sie diese mit Hilfe der „Stutzen"-Funktion!

Vor dem Stutzen   *Nach dem Stutzen*

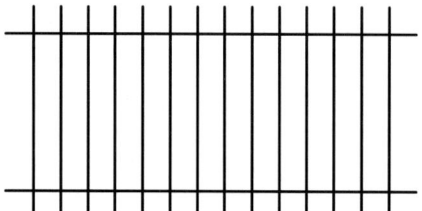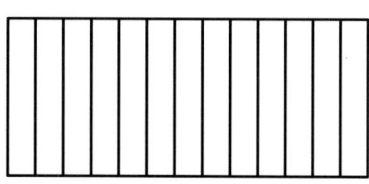

Mit Hilfe des Befehls „Dehnen" werden Zeichnungsobjekte bis zu einer Grenzkante verlängert.

Ü28: Erzeugen Sie die folgende Geometrie und ändern Sie diese mit Hilfe der „Dehnen"-Funktionen!

Vor dem Dehnen

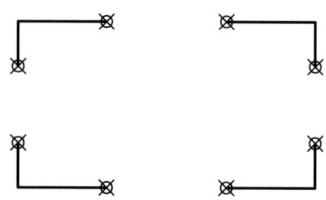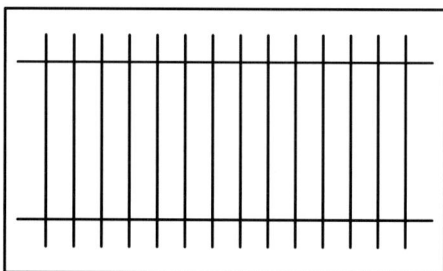

Mit Hilfe des Befehls „Bruch" werden selektierte Objekte zwischen zwei Punkten aufgebrochen.

Ü29 und Ü30: Erzeugen Sie ein Rechteck und einen Kreis und bearbeiten Sie diese wie abgebildet mit Hilfe des Befehles „Bruch".

Nach dem Dehnen

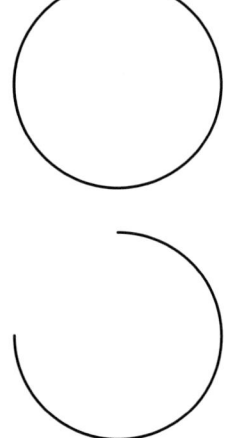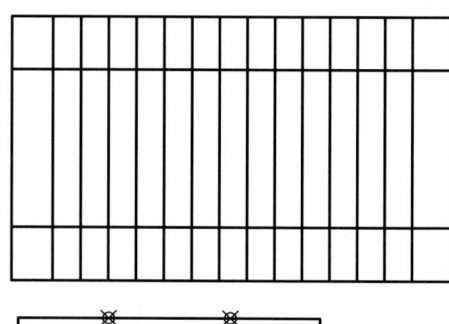

Der Befehl „Schraffur" schraffiert ausgewählte Objekte bzw. Flächen mit einem Schraffurmuster oder einer Füllung. Neben der Standardschraffur (45°-Winkel, nicht zu eng gezeichnet) werden meist weitere Schraffurmuster angeboten und dabei auch die vollflächige Ausfüllung als Schraffur aufgefasst, siehe unten.

Ü31: Schraffieren Sie die folgenden Objekte und benutzen Sie dabei die unterschiedlichen Optionen.

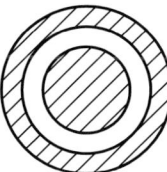 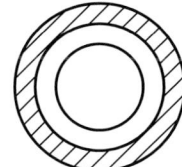 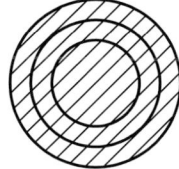

Ü32: Erstellen Sie die folgenden Objekte (in AutoCAD heißt das Schraffurmuster „Solid")

 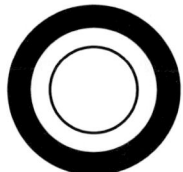

Ü33: Erzeugen Sie die folgende Schnittdarstellung eines Drehteils.

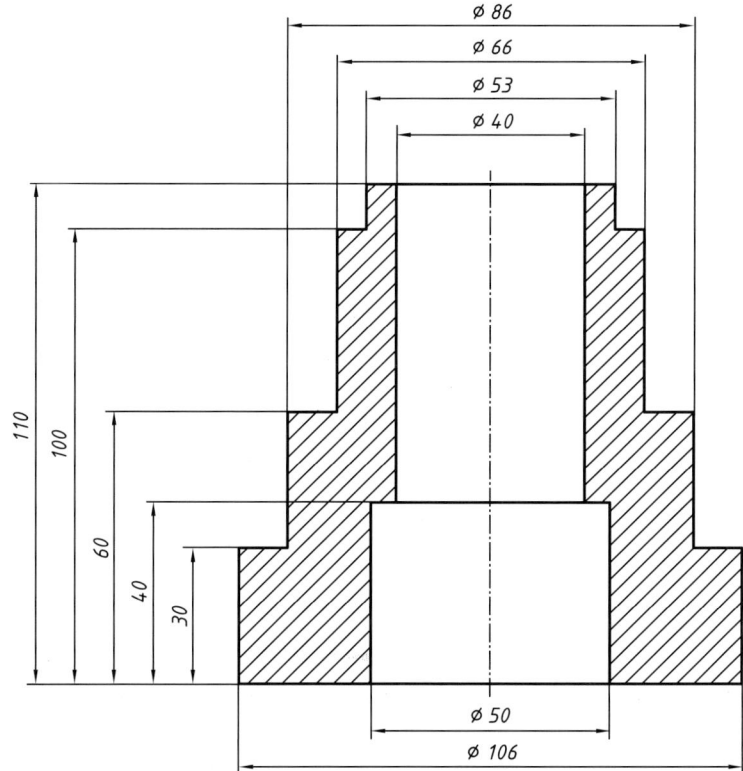

Bemaßung

Der Befehl „Bemaßung" erzeugt horizontale und vertikale Grundbemaßungen.

Ü34: Zeichnen Sie die folgenden Geometrien mit Bemaßung.

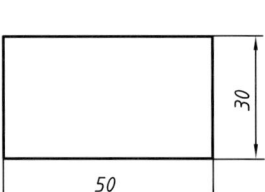
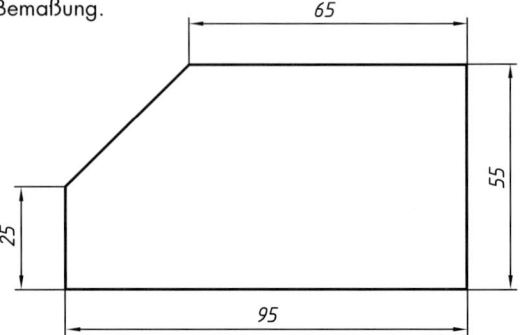

Der Befehl „Ausgerichtete Bemaßung" erzeugt parallel zum Zeichnungsobjekt ausgerichtete Grundbemaßungen.

Ü35: Zeichnen Sie die folgenden Anordnungen mit Bemaßung.

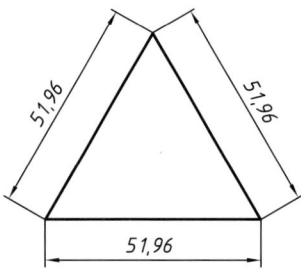
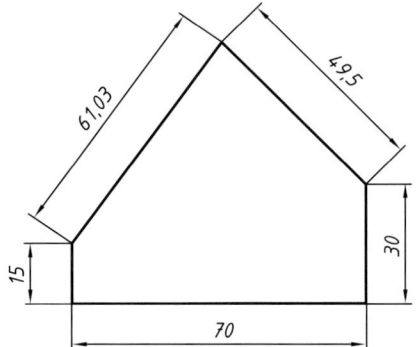

Der Befehl „Basislinienbemaßung" erzeugt Bemaßungen, die von einer Basislinie aus gemessen werden (auch unter Absolute Bemaßung bekannt). Der Befehl „Weiterführende Bemaßung" erzeugt eine Kettenbemaßung (auch als Relative Bemaßung bekannt), die aus einer Reihe von Einzelbemaßungen besteht.

Ü36: Zeichnen Sie die links stehende Konstruktion mit Basislinienbemaßung und die rechts stehende Konstruktion mit Kettenbemaßung.

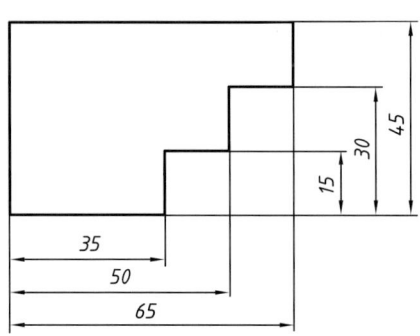
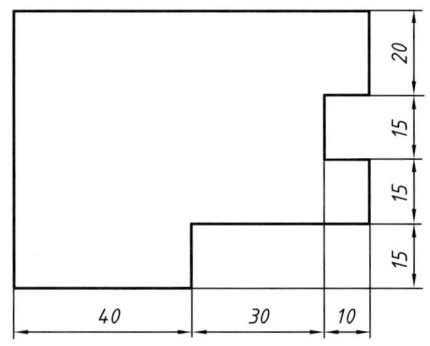

Mit Hilfe des Befehls „Radiusbemaßung" werden Radien von Kreisen und Bögen gemessen.

Ü37: Erzeugen Sie die folgende Kontur mit Bemaßung.

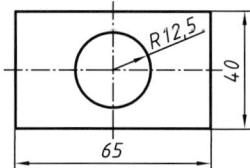

Mit Hilfe des Befehls „Durchmesserbemaßung" werden Durchmesser von Kreisen und Bögen gemessen.

Ü38: Erzeugen Sie die folgende Kontur mit Bemaßung.

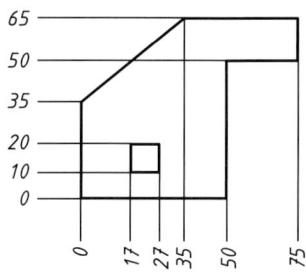

Der Befehl „Koordinatenbemaßung" erzeugt Punktebemaßungen. Die X- und Y-Koordinaten beziehen sich auf den Koordinatenursprung des Werkstücks.

Ü39: Zeichnen Sie die folgende Kontur und bemaßen Sie diese mit Hilfe der Koordinatenbemaßung.

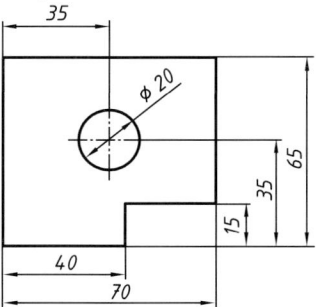

Bei der Winkelbemaßung wird der Winkel zwischen zwei Linien gemessen.

Ü40: Erzeugen Sie die folgende Darstellung mit Bemaßung.

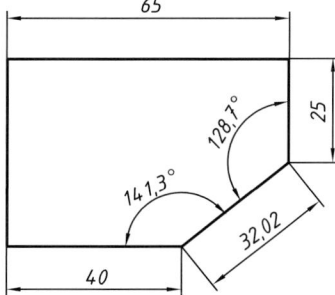

Der Befehl „Führungslinie" erzeugt eine entsprechende Führungslinie, die mit einem Hinweistext versehen werden kann.

Ü41: Erzeugen Sie die folgenden Darstellungen.

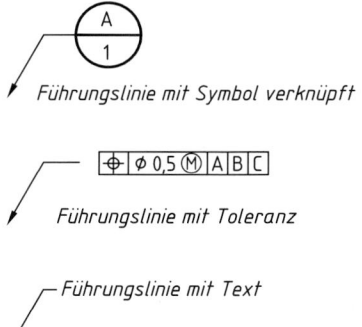

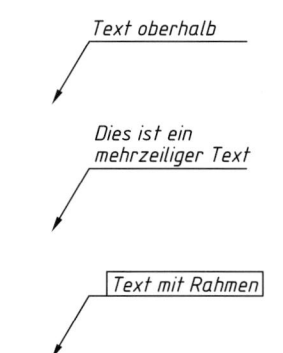

3.5 Hilfsfunktion: Raster und Fang

Der Befehl „Fang" schränkt die Cursorbewegung im Zeichenbereich auf eingestellte Abstände ein.

Ü42: Zeichnen Sie folgende Figuren in der vorgegebenen Anordnung. Um diese Übung zu realisieren, stellen Sie bitte „Fang" ein und wählen Sie für das „Raster" 10 Einheiten.

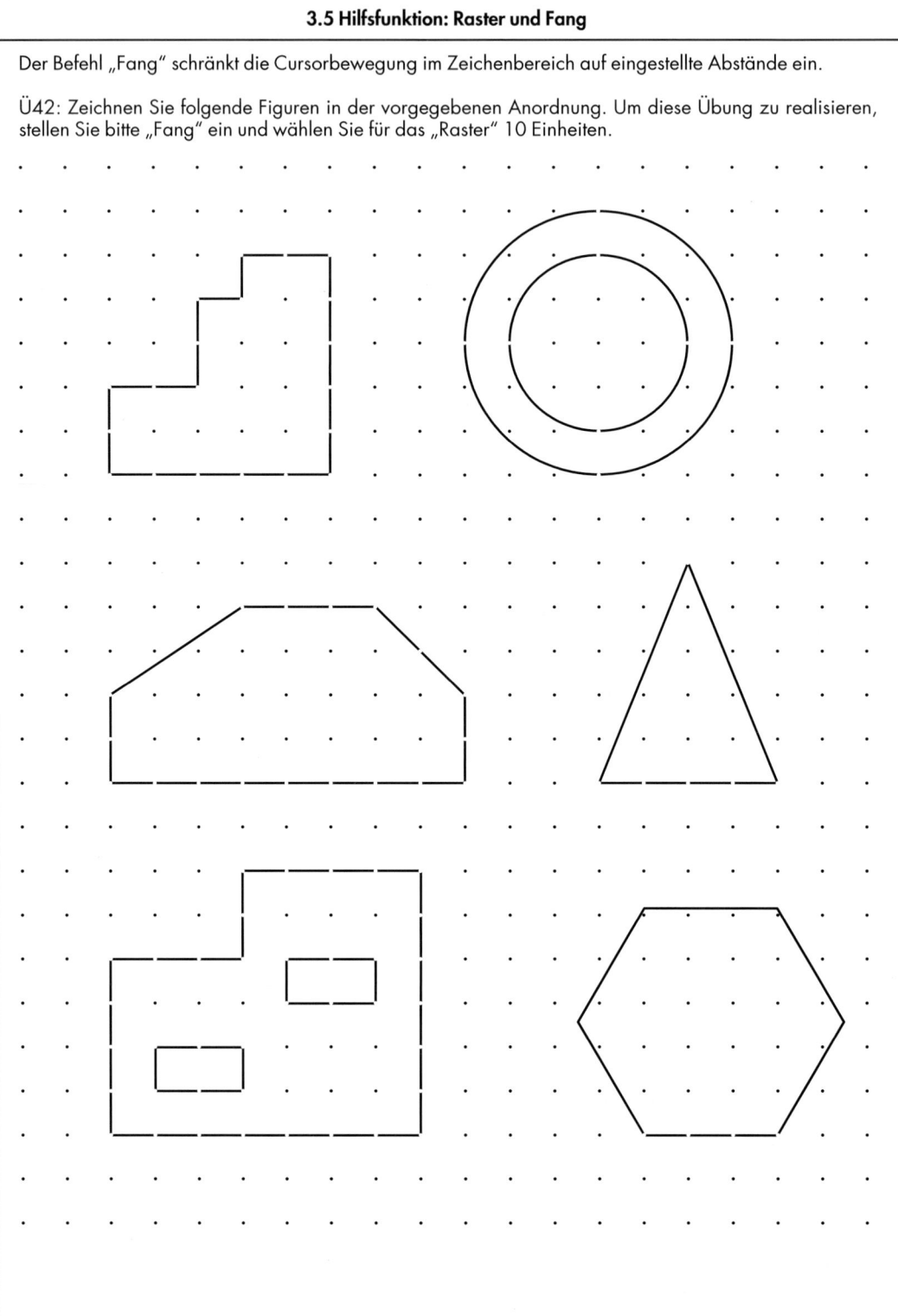

Das Arbeiten mit Symbolen

Ein Symbol ist eine Vereinigung von verschiedenen Zeichnungselementen zu einem Teil. Ein Symbol wird einmal erzeugt und kann dann beliebig oft in verschiedene Zeichnungen eingefügt werden.

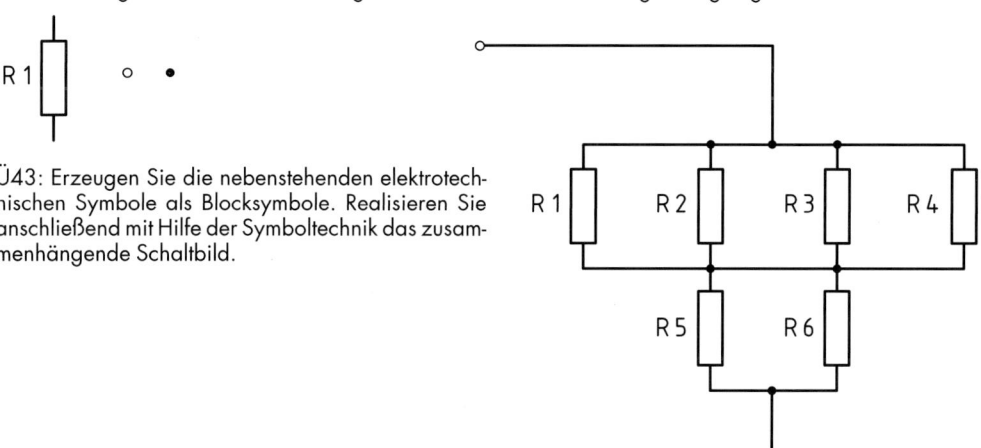

Ü43: Erzeugen Sie die nebenstehenden elektrotechnischen Symbole als Blocksymbole. Realisieren Sie anschließend mit Hilfe der Symboltechnik das zusammenhängende Schaltbild.

Das Arbeiten mit Texten

Der Befehl „Text" erzeugt ein- bzw. mehrzeiligen Text. Die aus der Textverarbeitung allgemein bekannten Basisfeatures zur Ausrichtung und Formatierung sind auch im CAD-System vorhanden. Man sollte alle wesentlichen Funktionen einmal durchprobieren, die folgende Übung gibt Anregungen.

Ü44: Realisieren Sie die folgenden Texteingaben.

Linksbündiger Text
Texthöhe 3,5 mm

Rechtsbündiger Text
Texthöhe 3,5 mm

Zentrierter Text
Texthöhe 3,5 mm

Linksbündiger Text
Texthöhe 3,5 mm
Drehwinkel 90°

Dieser Text ist fett formatiert. Die Texthöhe beträgt 3,5 mm.

Dieser Text ist kursiv formatiert. Die Texthöhe beträgt 3,5 mm.

<u>Dieser Text hat die Zeichenformatierung unterstrichen. Die Texthöhe beträgt 3,5 mm.</u>

3.7 Teilen

Der Befehl „Teilen" positioniert Konstruktionshilfspunkte in gleichen Abständen entlang einer Strecke.

Ü45: Teilen Sie die folgende Strecke in acht gleiche Teile.

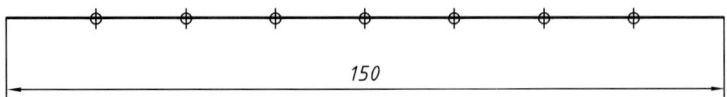

Ü46: Erzeugen Sie die folgende geometrische Anordnung mit Hilfe des Befehls „Teilen".

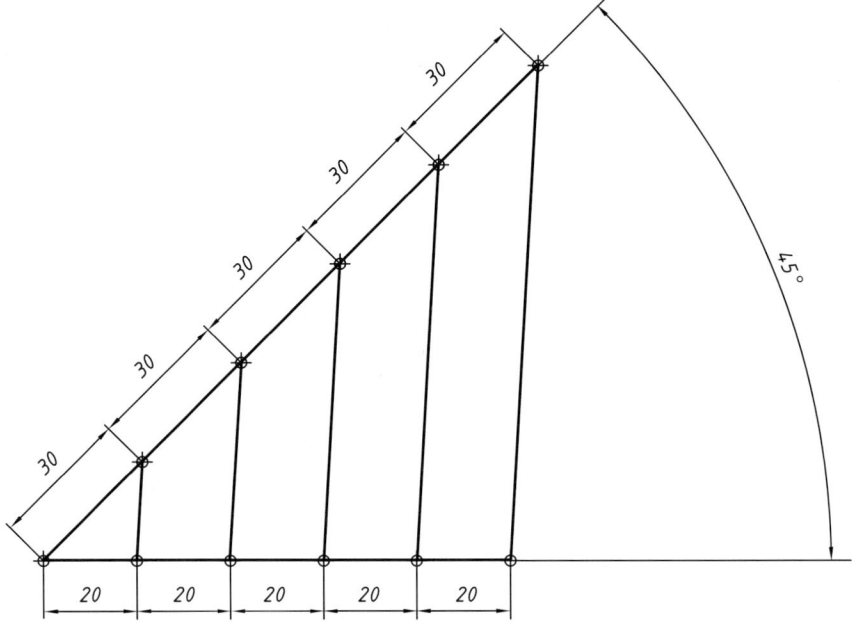

Ü47: Die folgende geometrische Anordnung wird z.B. bei der Konstruktion von Skalen benötigt. Erzeugen Sie sie mit Hilfe des Befehls „Teilen".

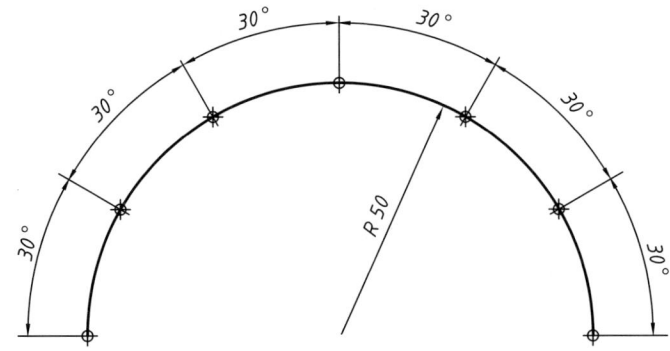

Im Folgenden finden Sie sechs Aufgaben zur Darstellung von Körpern in den drei Ansichten und als Schrägbild. Um sie zu erstellen, benötigt man alle wesentlichen Funktionen, die in den vorangegangenen Abschnitten vorgestellt wurden. Erstellen Sie die Zeichnungen im CAD-System.

Zusatzaufgabe 1

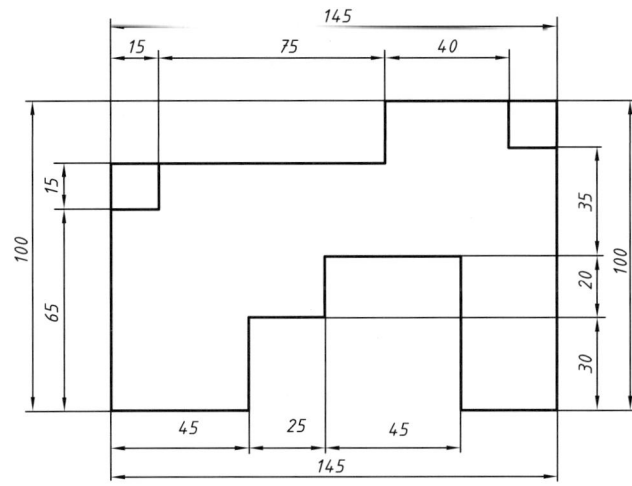

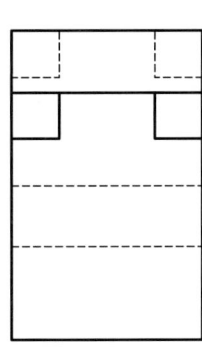

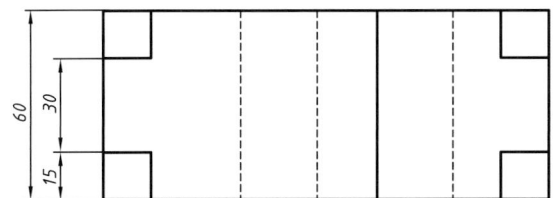

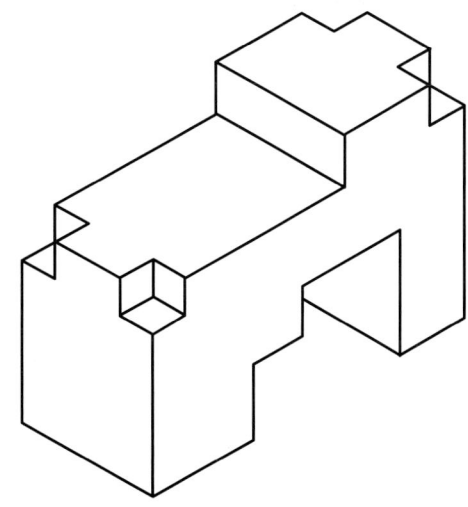

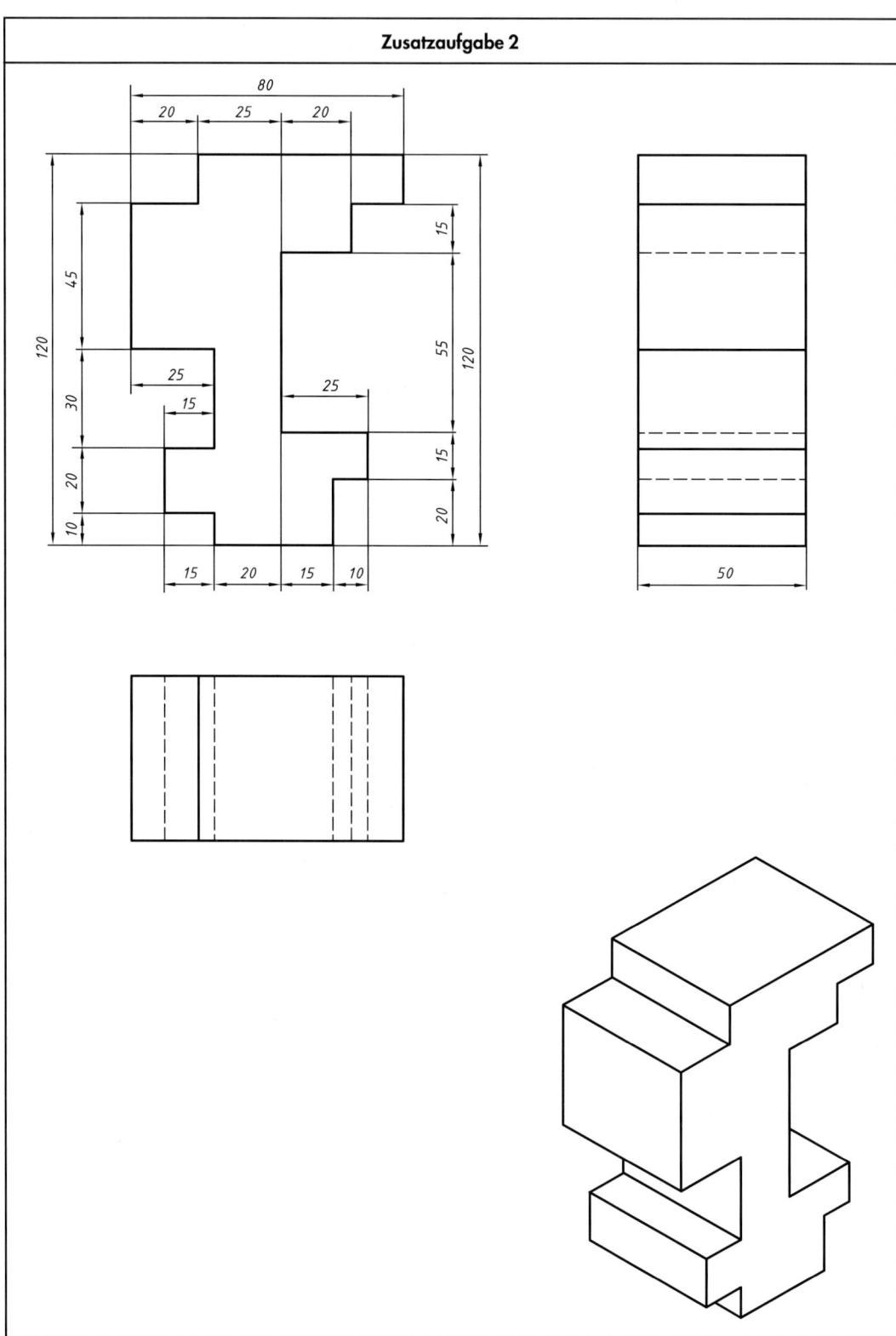

Zusatzaufgabe 3

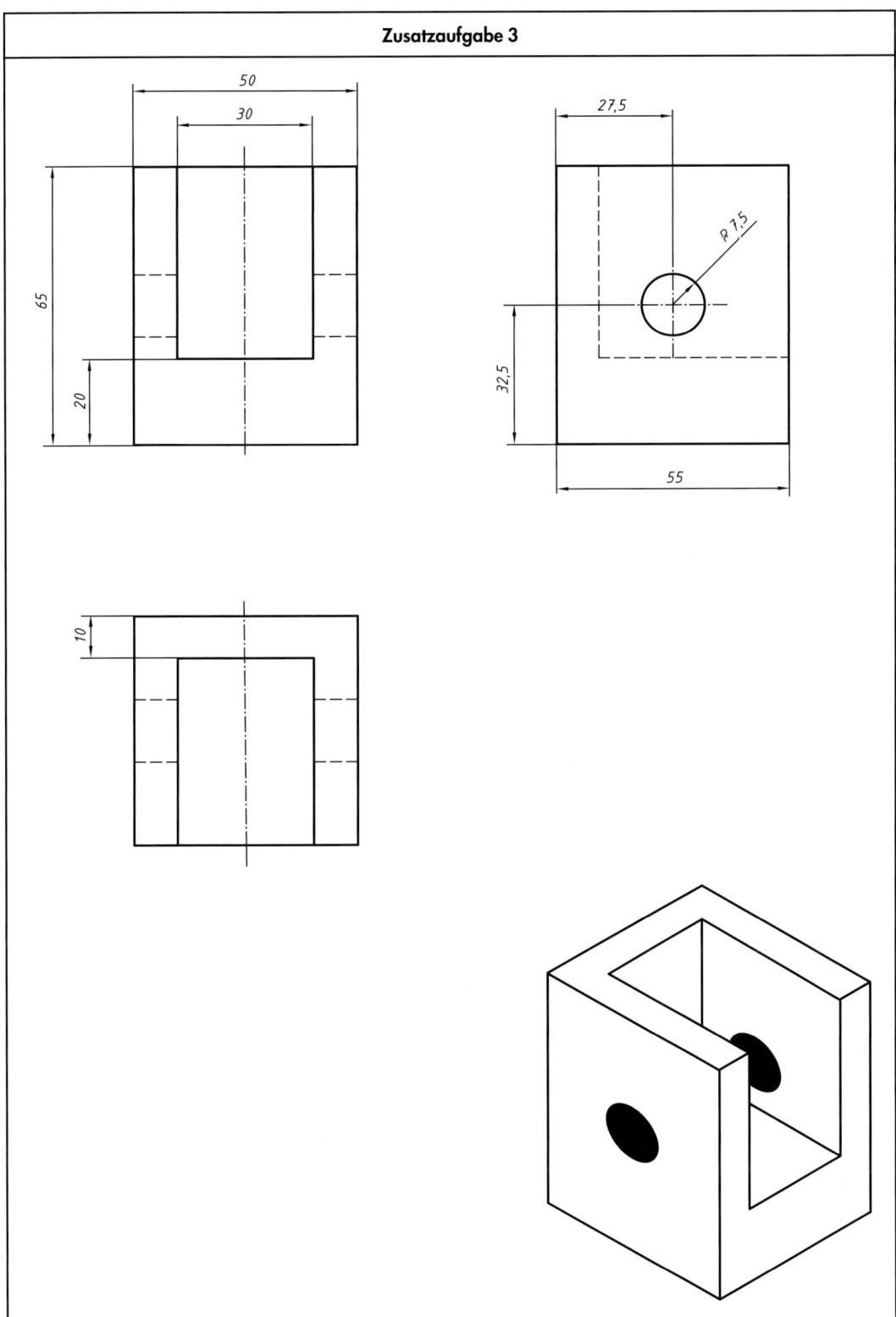

Zusatzaufgabe 4

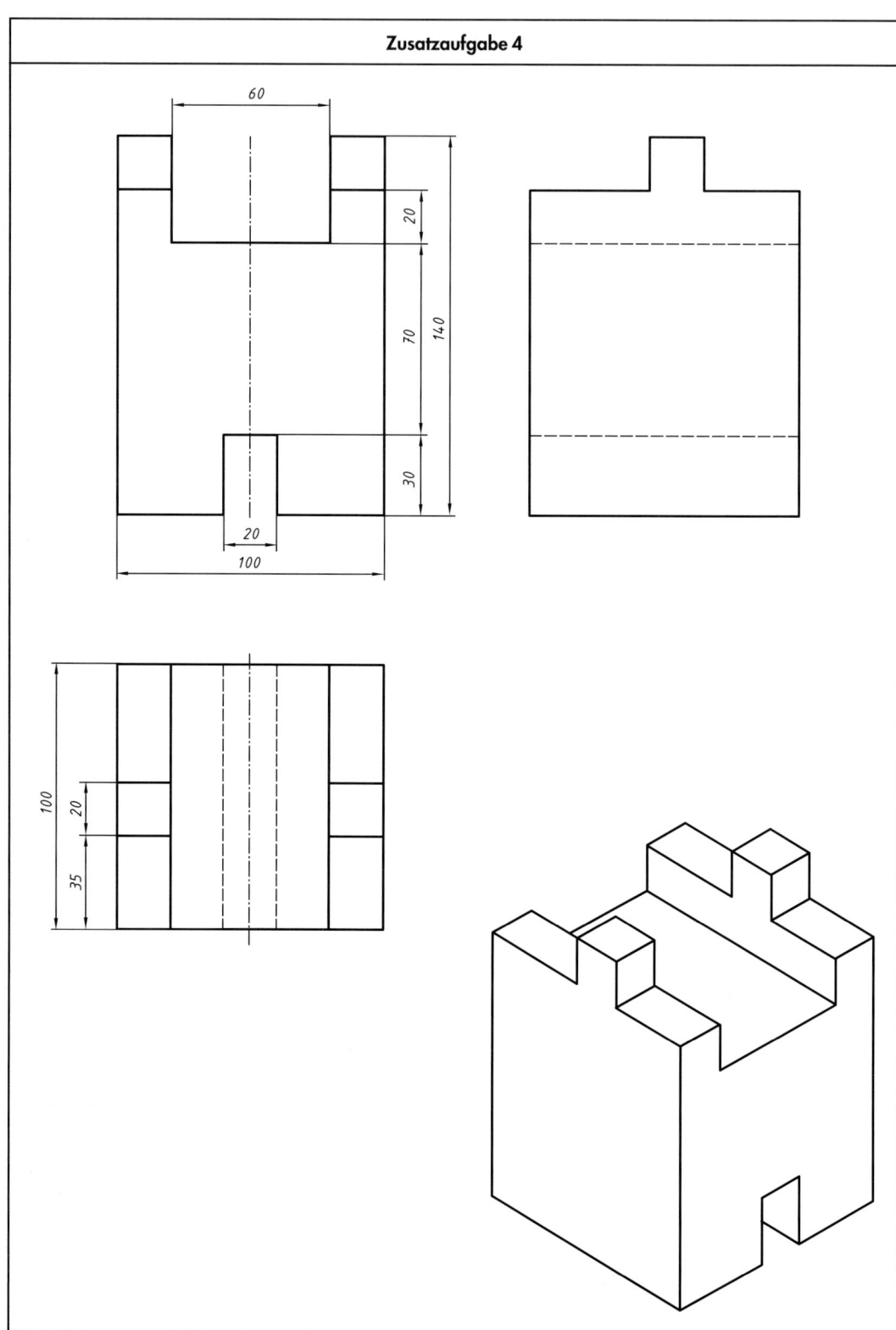

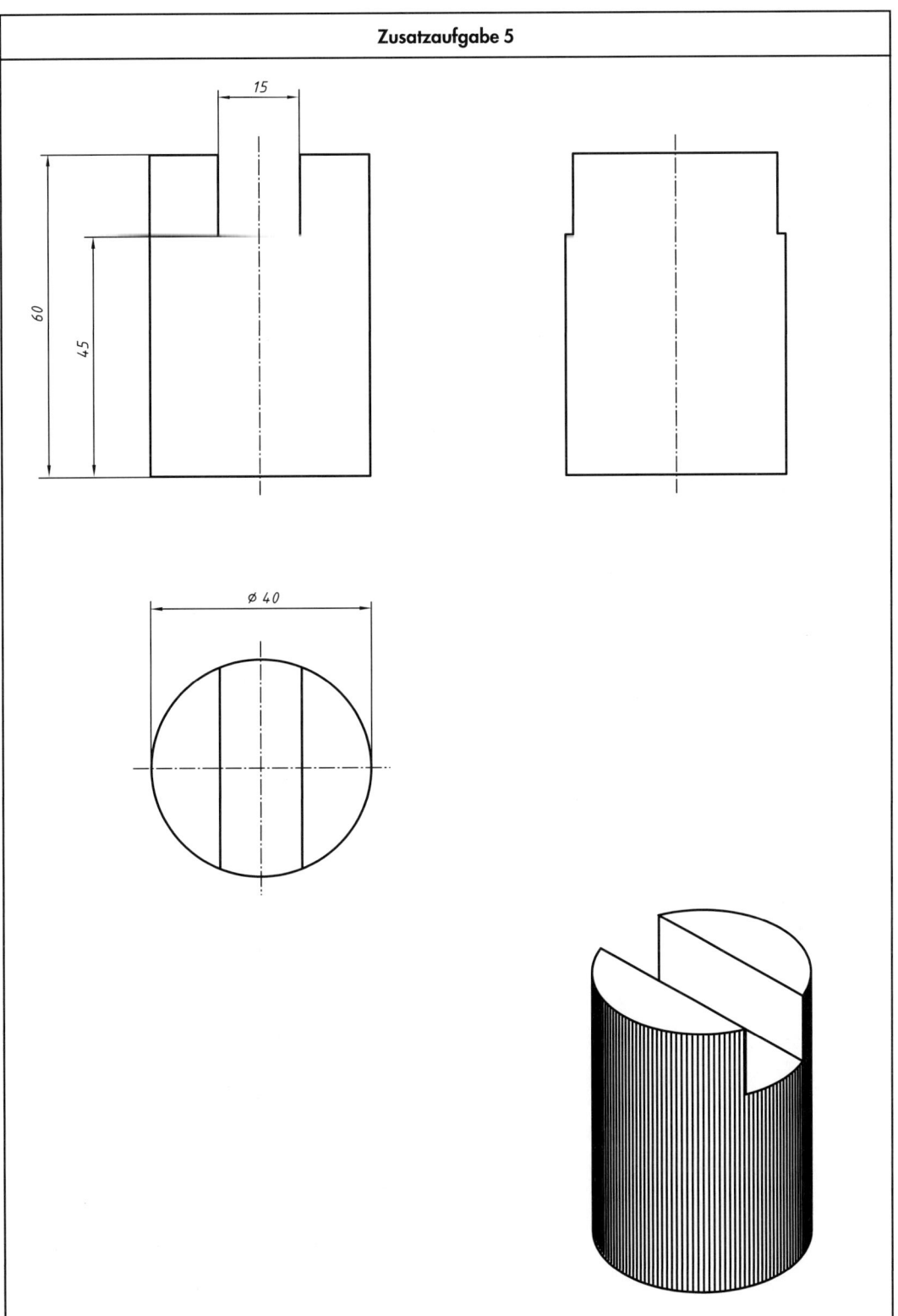

125

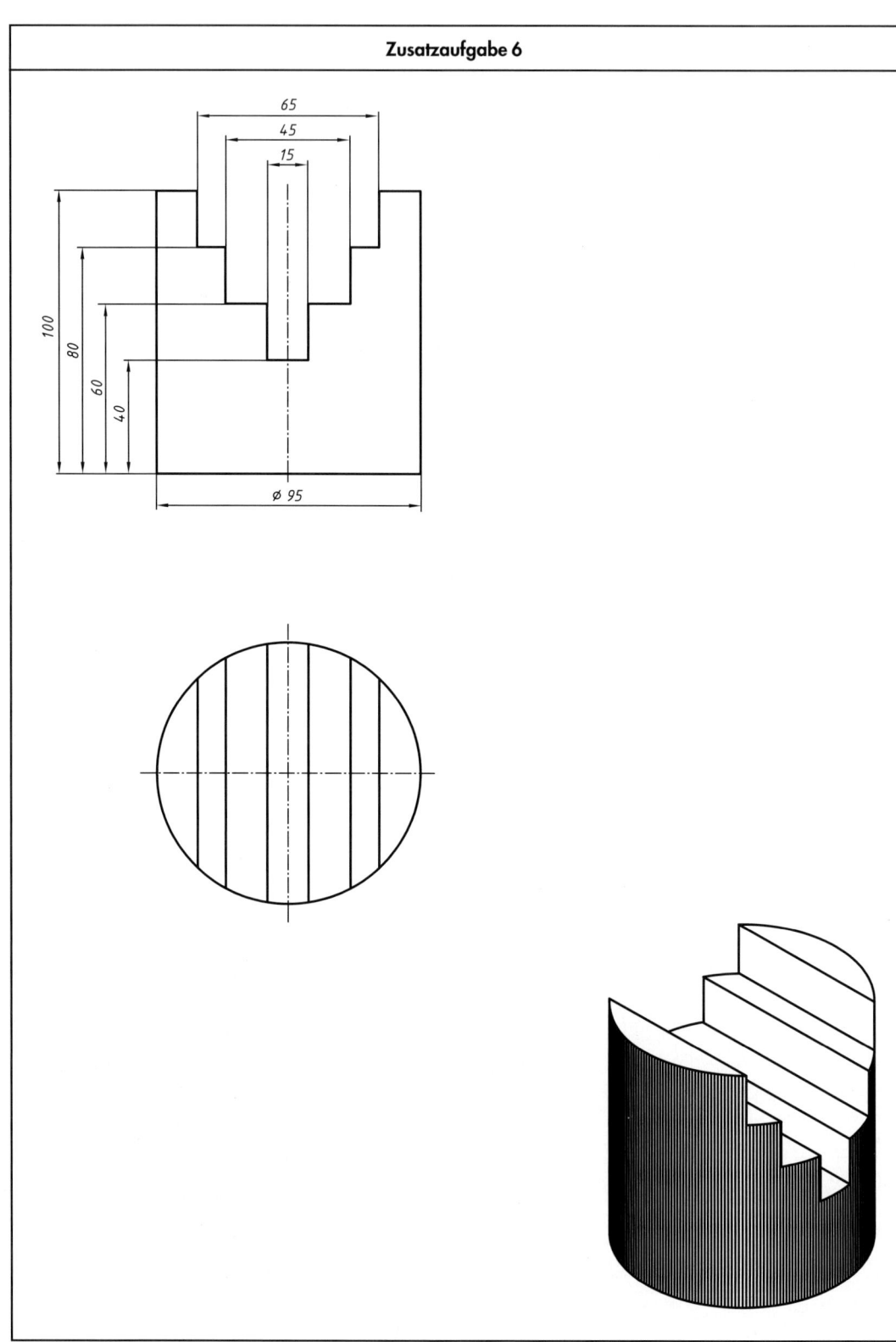

Stichwortverzeichnis